魏世杰爷爷讲故事

原子之谜

魏世杰 著

電子工業出版社
Publishing House of Electronics Industry
北京 · BEIJING

未经许可，不得以任何方式复制或抄袭本书之部分或全部内容。
版权所有，侵权必究。

图书在版编目（CIP）数据

原子之谜 / 魏世杰著 . -- 北京 : 电子工业出版社 ,
2025. 1. -- ISBN 978-7-121-49608-0

Ⅰ . O562-49

中国国家版本馆 CIP 数据核字第 2025LW9897 号

责任编辑：郝国栋　吴宏丽
印　　刷：北京缤索印刷有限公司
装　　订：北京缤索印刷有限公司
出版发行：电子工业出版社
　　　　　北京市海淀区万寿路 173 信箱　　邮编：100036
开　　本：787×1092　1/16　　印张：7　　字数：112 千字
版　　次：2025 年 1 月第 1 版
印　　次：2025 年 4 月第 8 次印刷
定　　价：39.80 元

凡所购买电子工业出版社图书有缺损问题，请向购买书店调换。若书店售缺，请与本社发行部联系，联系及邮购电话：（010）88254888，88258888。

质量投诉请发邮件至 zlts@phei.com.cn，盗版侵权举报请发邮件至 dbqq@phei.com.cn。

本书咨询联系方式：（010）88254506，majie@phei.com.cn。

编辑寄语

这本书讲的是原子的奥秘和探索奥秘的勇士们的故事。

自然界最大的奥秘之一就是这个世界是由什么组成的。从 2400 年前古希腊的德谟克利特提出原子论开始，无数科学家殚精竭虑，在科学的征途中，不畏艰险、不断攀登，终于冲破层层迷雾，揭开了神秘的原子世界的一个个秘密，让我们逐步看清了原子世界的真面目。

在这个漫长的探索过程中，涌现出了很多著名的科学家，不仅他们的学术成就令人敬仰，他们的拼搏和奉献精神、百折不挠的坚强毅力、高尚的品格、求真务实的作风，也是值得我们学习的。

这些故事的主人公，有善于发现、见微知著的伦琴；有不畏艰难、勇于攀登的居里夫人；有号称“鳄鱼”、只进不退的卢瑟福；有胸怀广阔、礼贤下士的玻尔；有善于思索、敢于怀疑的爱因斯坦；有第一个打开核能宝库的费米；有多次和诺贝尔奖擦肩而过的王淦昌；有为两弹一星无私奉献的郭永怀、邓稼先和于敏；等等。

魏世杰爷爷既是两弹一星科研专家，从事我国核武器研究 26 年，有多项科研成果获国家或国防科工委奖励，又是知名科普作家。魏爷爷作品的特点是把科学和文学相结合，特别要说明的是，他把中国传统的章回小说形式引入科普创作中，被著名科普作家叶永烈称之为“科普苑中的一朵奇葩”。

本书中这些科学家的故事，保留了魏爷爷作品创作的特点。这些故事不是孤立的，而是环环相扣、彼此呼应的，就像看一部电视连续剧，令人欲罢不能。

原子科学的历史，是波澜壮阔的，也是复杂曲折的。读这本书，你不仅可以学到原子科学的知识，领略科学家的风采，还能获得一种趣味阅读的独特享受。

原子科学，虽然成就巨大，但并没有终结，也可能永远没有终点。科学界现在有一句话说得好：你知道的越多，未知的也会更多。

无数科学家通过自己的奋斗，通过团队集体的努力，把名字刻在了科学史的光荣榜上，其科学成果，造福于人类，受到世人的尊敬和景仰。

希望小读者们热爱科学，志存高远，也许有一天，你们的名字，也能在这个榜单上闪闪发光，熠熠生辉。

目 录

古希腊的一场辩论

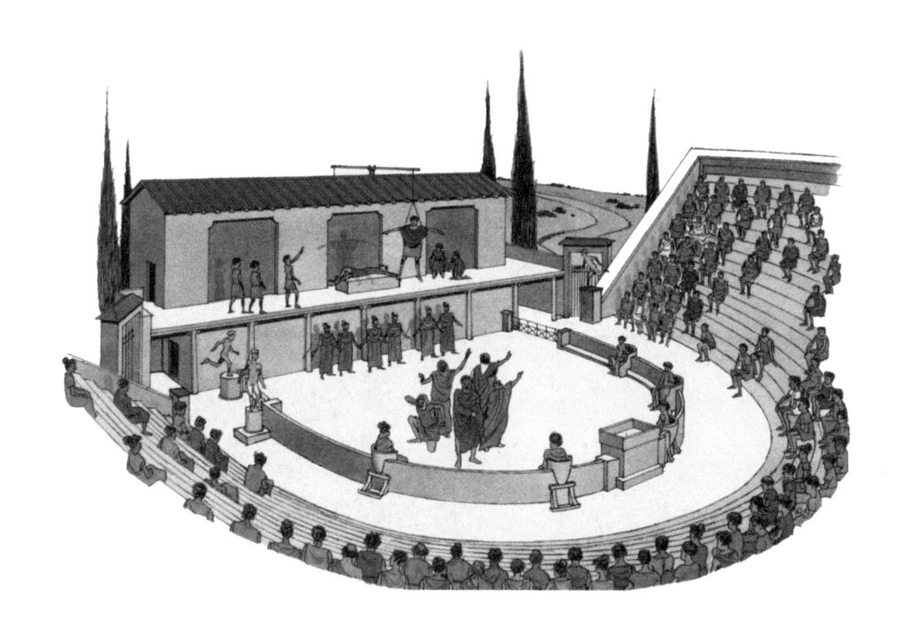

话说2400年前，西方爱琴海边有一个文明古国——古希腊。古希腊有一个小岛叫基根。岛上松杉成林、丘陵起伏，风光旖旎。田野里到处是香草和紫罗兰，还有一片片繁茂的葡萄树，果实累累，香气扑鼻。山涧中小溪淙淙，枝头上百鸟啼唱，犹如仙境一般。可是，这一天气氛却有些反常，穿戴整齐的绅士学者们三人一伙、两人一帮地向山上走去。远远望去，山上那座富丽堂皇的庙宇中，敬神的高台下早已是熙熙攘攘、人山人海了。

一位年青的司仪大声喊道："诸位肃静！今日举办此盛会，由最著名、最博学的学者在此辩论一个最伟大的问题，就是世界的本源是什么，或者说，世界归根结底，是由什么组成的。首先请泰勒斯先生开讲。"

话音未落，只见一身材颀长、衣冠整齐的老人走上讲台，说道："天上有云雾雨雪，地下有花草人兽，哪一样能离开水呢？我对世界之本源思考多年，终于悟出了一个道理——水乃万物之本，水可以组成一切。"

接着又有几个人上台发言，有人认为，组成世界的本源是空气，有人认为是火，还有人认为是土，大家的情绪越来越激动，辩论的嗓门也越来越高。这时，一位鬓发花白的老人在一位小姑娘的搀扶下走上讲台。他慢条斯理地说："我叫德谟克利特。"

此话一出，全场顿时鸦雀无声，场下听众向老者投去崇敬的目光。他是世界上第一个提出"原子论"的希腊哲学家，很受大家尊敬。

只见老人从口袋中掏出一个苹果，说："有一天，一个学生来问我，如果将一个苹果分成两半，再把其中一半又分成两半……这样分下去有无终结呢？我认为有。分到最后应该得到一个坚硬而不能再分的小微粒，我叫它原子。铁有铁原子，水有水原子，沙有沙原子，盐有盐原子……世界上除了原子，就是真空了。总之，我们

见到的每一样东西，砂石和植物，动物和人，海洋和云，以及月亮和星星，等等，都是由这样一些微小的、不可分割的原子构成的。味有酸甜苦辣，花有五颜六色，都不过是原子的表现而已！”

这席话虽声调不高，却句句入耳、引人入胜，不少人点头称是。

忽然一位青年站了起来，大声说道：“不！如果万物确实由一个个原子组成，为什么物体浑然一体而不见缝隙呢？”

德谟克利特微笑道：“是的，这似乎难以理解，但我会帮助你弄明白其中的道理。”说罢，老人手指远处的森林说：“你看这远处的森林，黑黝黝的一片，似乎是一个整体，但是，它实际上是由很多棵树组成的。每一棵树都由绿叶和树枝组成，树枝并不密实，很容易穿过去。还有，你见过海边的沙滩吗？远远看去，沙滩似乎像金属一样浑然一体、闪着光芒，但它却是由无数小沙粒组成的。”

众人正想继续听讲时，忽听刀剑交响、马蹄踏踏，一队全副武装的士兵气势汹汹地闯了进来。一个身披红色大氅的官吏骑在马上，大声吼道：“谁人在此散布异端邪说？关于世界之本源，只有一个——神！你等枉谈什么原子，不怕神灵发怒吗？”众人见势不妙，便纷纷散去。

德谟克利特虽然第一次提出了“原子论”，但在当时只是一个哲学概念，没有任何实验证明，所以得不到人们的公认，直到2000多年后英国科学家道尔顿的发现，才使情况发生了根本改变。

原子让花粉跳舞

约翰·道尔顿，1766年9月6日出生于英国苏格兰北部一个偏僻的乡村，自幼家境贫寒。道尔顿童年时因学习顽强刻苦而闻名乡里。据说有一次，母亲在家中等待许久，也没见他回来。去学校寻找时，发现道尔顿一个人坐在黑暗的教室里，正苦思冥想着什么。道尔顿对母亲说："妈妈，对不起，你再等我一会儿吧，我就要找到解决这道难题的办法了。"

后来，道尔顿在一所学校担任教师，对古希腊德谟克利特的原子论尤感兴趣，便潜心研究起来，他做了很多精确的实验，证明了原子学说的正确性，一时声名大噪。

有一天，一位学生向他提问："老师，我听人说，原子是红的，还闪闪发光。还有人说铁原子很粗糙，水原子很光滑，这是真的吗？原子究竟有多大？我们能不能看到它呢？"这可把道尔顿问愣了，他半晌没有吭声。思索好久他才说："很遗憾，我们现在还没法看到原子，所以关于它的相貌、形体等的传说纯属无稽之谈，但关于它的大小，我倒想打个比方。"

道尔顿说着，从桌子上拿起一根玻璃棒，在烧杯里蘸了一滴水。他把玻璃棒举起来说道："根据计算，如果这滴水能变成地球那么大，则组成水的原子的大小同一个橘子差不多。"他停了停又说，"如果能把500万个原子排成一行，放在这本书的一个小句点中，那空间绰绰有余！你们看，原子是多么微小呀！"学生们听到此处，不约而同地"呀"了一声，纷纷瞪大了眼睛。

1827年的夏天，道尔顿趁暑假到海滨旅行。这一天，道尔顿在海滩上散步，忽觉肩头被人拍了一下。他回头一看，发现是著名植物学家罗伯特·布朗。

布朗说："久违了，原子理论的奠基人！我正有事

向您请教。”道尔顿一听，感到大惑不解，说：“找我何事？我从未涉足过生物界呀！”布朗却笑道：“这不妨事。明天上午到我家来，你就会明白啦。”

第二天一大早，道尔顿就向布朗家走去。进门一看，许多学者正围着一台显微镜在指手画脚地议论着，好像是在观察着什么。布朗一见道尔顿来了，高兴地喊道：“好了，只等你了，快来看！”道尔顿通过显微镜一看，吃惊不小，里面竟有许多小球状的白色微粒在毫无规则地蹦跳，作着折线式运动，好像在欢快地跳舞。

道尔顿揉揉眼睛再去看时，这些小东西跳得更欢了，像“中了邪”一般。道尔顿抬头说：“布朗老弟，你这

是什么把戏？”布朗说：“我也搞不明白。前天我在玻片上放了一滴水，在显微镜下观察，什么也没看到。我又单独观察细小的花粉，花粉也纹丝不动。可当我把花粉放在水面上再去观察时，就发现了这件怪事。我邀请了好多朋友来看，他们也觉得莫名其妙。我想，这会不会和你的原子论有关呢？”

道尔顿听罢略有所悟，又俯下身去观察。一会儿，他突然一拍手说道：“我知道是怎么回事了！”

他直起身向诸学者说道：“我想起童年时的一件小事。有一天，我看到一根小树枝在墙上走动，十分惊奇。上前仔细一看才发现，原来是几只蚂蚁在衔着它走动。”他用手指指显微镜，继续说，“这个现象，正是原子存在的表现，它说明原子不是静止不动的，而是在不断地运动。正是原子运动的冲击力，才使花粉无规则地跳起舞来。”

能看见骨头的“魔光”

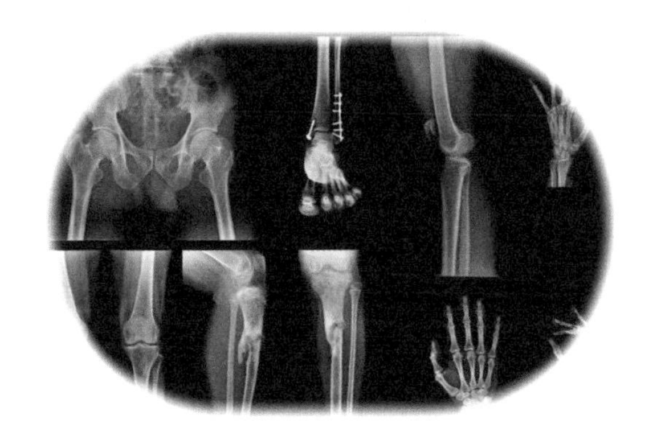

约翰•道尔顿的原子理论，得到了科学界广泛的赞同，似乎自然界中的所有现象，均和此学说并行不悖。于是，一种自信、满足之情便在科学界油然而生。

1893年，在欧洲举行的国际科学家大会上，原子论者们的骄傲狂妄情绪达到了高峰。

一位身居领导地位的科学家慷慨陈词。他如数家珍般地列举了几百年来的科学发现，然后感叹道：“诸位，自然界已彻底袒胸露臂，把一切奥秘都呈现给人类了。不可分割的原子，就是世界的一切。这些原子，曾经组成了历史上的世界，现在又组成了当今的世界。原子是永恒的、不变的、不可分割的。我断言，今后绝不会有惊人的发现了。科学的伟大建筑已经竣工，科学家快要闲得无事可干了！”

会场里掌声雷动，人人欢欣鼓舞，个个喜形于色。殊不知就在这位先生演讲之时，一位颠覆这座物理大厦的“危险”人物正在登上历史舞台。

那一天，德国乌兹堡的晚报上登载了一条简讯：一个名叫伦琴的人被任命为乌兹堡大学教授兼物理研究所所长。据知情人透露，伦琴正值48岁，沉默寡言，不善交际，是个典型的老实人。谁也没有想到，奇迹会在他的身上发生。

1895年11月8日，一个难忘的历史性日子来到了。

这一天，夜幕降临，万籁俱寂，寒风凛冽。伦琴身披黑呢外套，孤身一人钻进了实验室，实验室里黑洞洞的。伦琴没有点灯，而是先打开了电源。当他听到连接电源的感应线圈发出剧烈的“嗡嗡”声后，会心地笑了：是的，一切正常，这是何等悦耳的声音啊！

就在这时，伦琴突然愣住了：桌上有一片绿莹莹的光，像鬼火一般在黑暗中闪烁！

伦琴定睛一看，发光的却是一块纸板。伦琴想起，这块纸板上曾涂有氰化钡。这是氰化钡发出的光吗？是什么原因让氰化钡发光了呢？伦琴拿起一本书，隔在管子与纸板之间，纸板仍发光不止。他又拿木板阻挡，也阻拦不住纸板发光。他把氰化钡纸板拿远一些，荧光依然如故；再拿远一些，仍发光不止。

伦琴一生做过许多奇异的实验，这个现象却是第一次碰到。一种重大发现即将来临的预感涌上心头，伦琴顿时激动起来。

伦琴当天晚上没有回家。次日清晨，他的妻子贝尔塔来送饭时，发现实验室门口挂着“任何人不得入内”的牌子。贝尔塔是个聪明人。她敲敲窗户，对丈夫莞尔一笑，指指饭盒，遂转身离去。

伦琴

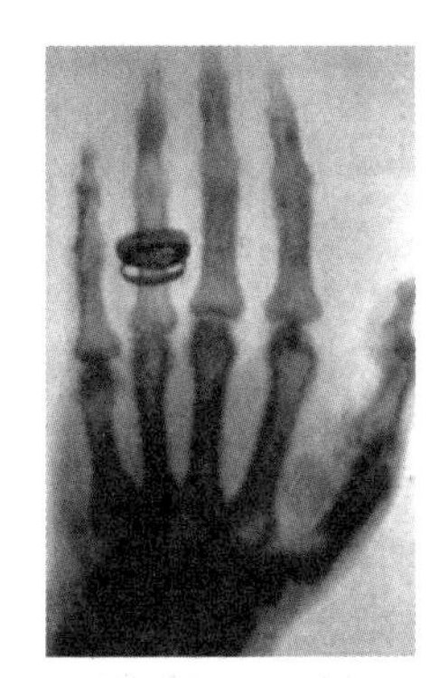

伦琴夫人手骨的X光相片

伦琴在实验室里

伦琴对这一发现严加保密，同时加紧了实验工作。经过六周废寝忘食的苦干，他又发现了这些射线更加惊人的性质。这一天贝尔塔正在熟睡，突然被伦琴推醒。

他急匆匆地说："快穿衣服，跟我到实验室去。"贝尔塔睡眼惺忪地问："干啥？"伦琴兴高采烈地说："我要看看你的骨头。"贝尔塔闻听此言大吃一惊。

来到实验室后，伦琴叫贝尔塔把手伸出来，放在一张包好的底片之上，然后关上灯。不一会儿，他便拿出一张照片。贝尔塔一见吃惊不小，原来上面清清楚楚地印着她的手指骨的图像。照片上一节节的手指和关节清晰可见，结婚戒指像一道黑圈套在无名指上，位置丝毫不差。

贝尔塔简直不敢相信自己的眼睛，盯着伦琴问道："亲爱的，你不是在变魔术吧？"伦琴说："即使是魔术家，也拍不出活人的骨头照片呀！告诉你，我发现了一种奇妙的射线！一种不可思议的'魔光'！"

贝尔塔惊喜地说："你快给这种射线起一个响亮的名字吧！"听罢此言，伦琴皱起了眉头，叹道："遗憾得很，至今我还未能弄清它的端倪，所以只能叫它X射线了，也就是未知之意。"

1896年新年伊始，街头巷尾、酒吧饭馆，人们都在议论"魔光"的神奇。

德皇凯撒闻讯，立刻下令召见伦琴，并要他当众表

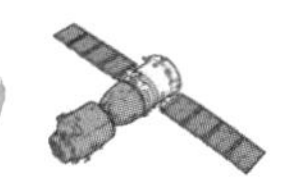

演。这一天，皇宫内达官显贵济济一堂，他们应邀前来观看伦琴的表演。时刻一到，只见伦琴大摇大摆地走进来，在一张雕花长桌上摆好仪器后，说道："请陛下降旨派人协助。"凯撒点了点头，一名侍卫便来到桌边。伦琴让这名侍卫伸出手来。不一会儿，伦琴说了声"好了"，便把照片呈上。众人围拢看到的，正是那侍卫的手骨照片，大小、粗细分毫不差。

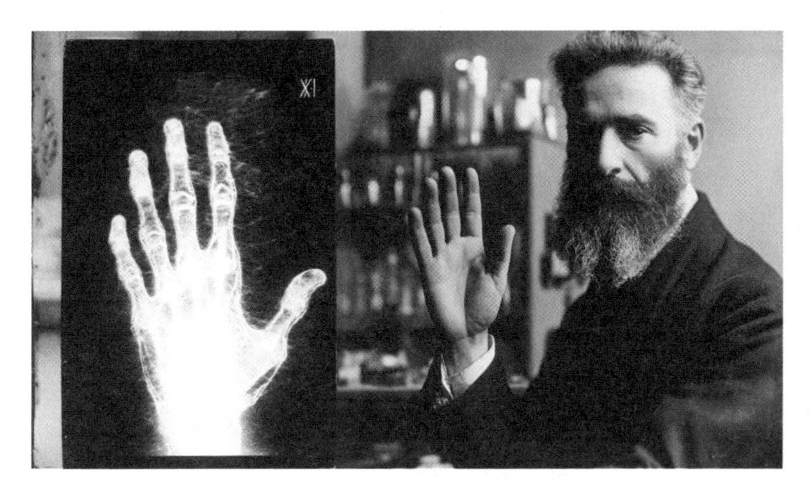

凯撒兴致勃勃地问道："我的骨头也能拍吗？"伦琴刚要回答，旁边却有一位鬓发花白的老臣谏道："陛下万万不可。此术十分可疑，万一有个好歹……"凯撒喝道："不必多言，我自有主张。"说着，他便从宝座上走了下来。顷刻，照相完毕。

伦琴将照片从药水中捞出，端详良久，不敢贸然把照片献上。他惴惴不安地问道："吾皇指骨曾经折断，不知确否？”凯撒听后大惊，说：“这是我幼年之事，你如何得知？”伦琴说：“吾皇请看。”凯撒上前一看，只见照片上确有指骨折断之状。凯撒大悦，亲自将一枚普鲁士王冠勋章授予伦琴。

伦琴回到家中，收到一封信，是不久前在国际科学家大会上狂妄大喊的那位先生寄来的。他在信中写道：“阁下发现的奇妙射线，对我来说，无疑是当头一棒！看来，原子并非不可再分，一定还有更复杂的内部结构。否则，这神秘的X射线来自何处？看来，是我太乐观、太狂妄了。”

贝克勒尔羞愧难当

却说巴黎有个著名物理学家，名叫亨利·贝克勒尔。他听了关于X射线的演讲后，心中很受触动。他突然想起父亲曾收藏过许多“荧光石”。那是些很奇妙的矿石，将这些矿石放到阳光下照射一会儿，再拿到黑暗处便可看到荧荧亮光。当时贝克勒尔还是天真的儿童，最喜欢跟着父亲做这些实验。那些在黑暗中闪烁的荧光，曾引起他多少奇妙的联想啊！

此刻，贝克勒尔忽然想到，这些荧光是什么，会不会含有X射线呢？于是，他决定模仿伦琴，做个小实验试试看。一谈到原子物理，大家或许都认为十分高深，实验仪器极其复杂难懂。其实不然，20世纪初的一些划时代的发现所用的设备都很简单，甚至有些“土里土气”。贝克勒尔的实验即是如此。

贝克勒尔将一张照相用的底片用黑纸包好，放在太阳可照射到的窗台上，纸包的上面放上一块父亲留下来的矿石，而这就是全部“设备”，你看简单不？这矿石是天然形成的，其中含有钾、铀、氧、硫等元素。如果矿石经太阳暴晒后有X射线产生，那么，必将穿透黑纸，使包在黑纸里面的照相底片感光。

一切就绪，贝克勒尔眼巴巴地盯着那纸包上的矿石。过了一会儿，他取下矿石，到暗室去冲洗底片。贝克勒尔发现，底片上出现了灰斑，其位置恰好和矿石的位置相对应。他不禁高兴起来，自言自语道：“果然不出吾之所料！”

X射线这样简单地从矿石中获得，似乎令人难以相信。贝克勒尔是个谨慎的学者，于是他一遍又一遍地重

复实验，但结果完全相同。有一次，贝克勒尔将一枚硬币放在矿石下，冲好底片后则出现了硬币的轮廓。还有一次，他将一块中间有洞的金属片放在矿石下，底片上也出现了对应的黑斑。

这些现象与伦琴所见完全相同，不是X射线还能是什么呢？贝克勒尔决定不再犹豫，遂打电话给法国科学院秘书处，告之要宣布一项重要发现。

1896年2月24日，也就是伦琴的论文发表后不到2个月，贝克勒尔来到庄严的法国科学院，当众宣读了一篇关于X射线的论文。贝克勒尔断言说，当日光照射某些矿石时会产生X射线。他也向与会者展示了一批照片。听众反应虽不及数周前那样强烈，却也报以热烈的掌声。谁知，几天以后朋友们到贝克勒尔寓所去祝贺时，却见贝克勒尔愁眉苦脸，情绪十分懊丧。见有客人来，他顿足叹道："唉，朋友们，我犯了一个不可饶恕的错误，真是后悔莫及啊！"

究竟出了何事？原来贝克勒尔回来后又接连做了几个实验，发现有些蹊跷。

事情是这样的。有一天，贝克勒尔又在包裹底片的黑纸包上放上铀矿石，准备拿到太阳底下暴晒。谁知天公不作美，整天阴云密布，终日冷风凄凄。贝克勒尔见实验不成，只好把它们塞进抽屉里，径直回家去了。几日过去，天气依然如此。这一天，贝克勒尔忽然灵机一动，既然太阳晒不成，干脆把底片冲洗出来算一次“空白实验”吧！哪知道，这一来却发现了怪事。

当贝克勒尔从定影液中拿出照片看时，上面的灰色斑点不但依然存在，而且更浓更深，比暴晒过的有过之而无不及。贝克勒尔立刻想到这射线比X射线复杂多了，后悔自己不该过早地宣布了自己的发现。今见客人前来祝贺，他更觉羞愧难当，便老实地说：“这射线根本不像X射线，它似乎是从矿石中日夜不停地放出的。我还发现，除了含铀的矿石，别的矿石都不会产生此射线。你们说怪不怪？”

一位院士忽然兴奋地说：“老伙计，我看这个发现更了不起，它说明原子可以自动地发生变化，自动地发出射线。这对旧的原子论是个多么大的打击啊，你应该赶快发表论文才是！”贝克勒尔沉吟半晌才说：“不忙。俗语说‘吃一堑长一智’，如果再有错讹，岂不更惹天下人耻笑？”众人听罢，也都点头称是。

贝克勒尔继续研究之后，证明了放射性物质确实存在，这是原子科学的一个里程碑。由此可见，科学家不是神仙，他们也会犯错误。其实犯错不是坏事，当他们认识到错误的时候，往往就走到了新发现的大门口。

不畏艰险的英雄

伦琴发现X射线不久，法国科学家贝克勒尔发现，铀矿石能自动地不断放出射线，这种射线和X射线不一样，这就是所谓的物质的“放射性”。

贝克勒尔的实验室中，有一对刚结婚不久的青年夫妇：男的叫比埃尔·居里，法国人；女的叫玛丽·斯可罗多夫斯卡·居里，法籍波兰人。他们都有一股追求真理的拼命精神，而居里夫人更是令人钦佩。求学时，她的生活十分艰难。据说有一年因天冷被子太薄，她不得不在睡觉时把所有的衣服都压在被子上取暖。学习紧张时，她能整天不进一餐，只靠几个萝卜充饥，可算是历尽磨难、备尝艰辛了。

夫妻二人当时一无声望、二无资金，但却毅然决定以贝克勒尔发现的射线作为研究对象，进行深入探索。须知，这种射线就是现在所说的放射性射线，对人体有害，且超过一定剂量时能使人致命，但当时的人们对此一无所知。这种实验能否取得成功也无人知晓，前路可谓荆棘丛生、危机重重，但是夫妻二人下定了决心，便义无反顾地投入其中。

这一天，穿着朴素的居里夫人正在简陋的窝棚里安装仪器，相貌端正、留着短胡须的居里推门进来，两人相视一笑便各自埋头工作起来。这对于他们俩来说早已习以为常。

这一次，居里夫妇实验的样品是“沥青铀矿石”。他们预测，沥青铀矿石含有更多的非铀杂质，其放射强度应该比纯铀矿石明显减弱。居里夫人认真地安装好仪器，以保证实验结果的准确性。

新的实验开始了！

实验室中非常安静，夫妻二人谁也不吭一声，偶尔可以听到居里夹放天平砝码的声响和居里夫人作记录的沙沙声。不难想象，他们的工作是何等紧张。

居里突然看到妻子脸色有些异样，便急忙俯身去看记录。这一看让他大吃一惊。数据显示，沥青铀矿石的放射性比纯铀矿石还强！居里忙说：“这不可能，亲爱的，你搞错了！”两人又反复地进行了20多次实验，可结果依然如故。看来，这是铁一般的事实了。

实验结束后，居里夫人一边洗手一边对居里说：“此事只能有一个解释，矿石中一定含有一种放射性更强的

新元素。今天，我们看到了它的影子，我们一定要捉住这个活泼且神秘的怪东西！”此后，居里夫妇便没日没夜地苦干，很快就将这种新元素钋提炼了出来，后来，他们又发现了一种放射性更强的新元素——镭。镭的放射性比铀强200万倍，可由于所得数量太少，无法测定它的原子量、密度等数据，以致引起科学界的怀疑。为此，居里夫妇决定提取更多的镭来证实它确实存在。

这件事说来简单，但却谈何容易。

别的不说，仅采买矿石一项就足以使一般人望而却步。由于这是稀有金属矿石，价格极其昂贵，单凭居里夫妇那微薄的薪水哪里买得起？

幸亏朋友帮助，他们从奥地利的约奇斯扎矿山买到一批廉价的矿渣。物理学院的破窝棚夏天漏雨，冬天灌风，条件十分恶劣。但就是这个破窝棚，也是他们托人说了许多好话才租借来的。漫长艰苦的冶炼工作开始了。为了加快进度，居里夫妇大致分了一下工：居里负责测定镭的数据，居里夫人则负责从渣滓中提取镭盐。

居里夫人原是一个文静瘦弱的女子，现在竟要冒着蒸气的熏蒸去搅拌矿渣，还要经常搬动笨重的蒸馏罐，将沸腾的溶液倒来倒去，实在难以承受。她忍受着咳嗽流泪的折磨和体力上的透支，前后度过了整整45个月的漫长时间。这需要多大的毅力和勇气啊！

终于，1902 年的一天，精疲力尽的居里夫妇从 8 吨矿渣中提取了 0.1 克的镭。他们胜利了！

这天晚上，居里夫人正在为小女儿织毛衣，但她的心早飞向了窝棚。那镭，现在是什么样？她碰了碰丈夫说：“我们去看看吧！”这时，女儿已经睡熟，居里夫妇便悄悄打开门走了出去。

一路上他们相互挽着手臂，心情十分激动。多年来，每当遇到挫折或体力不支，两人总是相互勉励、彼此体贴。共同的信仰和彼此深沉的爱，使他们无所畏惧、勇往直前。

来到窝棚，居里夫人说：“不要开灯，让我们看看黑暗中的镭是什么颜色的。”居里一下子推开了门，两人顿时愣住了。这是那破窝棚吗？不，这简直是一座神

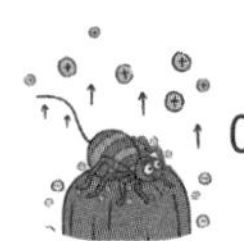

话中的宫殿，到处闪烁着奇妙的光辉。盛在玻璃器皿中的镭像夜明珠一般，发射着蓝白色的光，窝棚里的一切都因之而熠熠生辉，神奇美丽得无法形容。两人慢慢走过去，俯下身去看那光明之源，陶醉于幸福之中。

镭的发现意义重大，它能放出强大的射线，杀死细菌、治疗癌症、改良作物品种，用途十分广泛！而且，它还为人类进一步揭示原子之谜提供了有力的武器。

汤姆逊发现了电子

话说英国有一所大学叫剑桥大学。此学府久享盛名，牛顿和麦克斯韦等物理学巨匠都曾治学于此，并有过重大发现。剑桥大学校园内风景幽雅，有茵茵芳草、潺潺流水且曲径千回，建筑风格颇为别致。学生来自世界各地，堪称人才荟萃、英杰辈出。

尤为引人注目的是，校内有一间实力雄厚的卡文迪什实验室。此实验室当时的负责人名叫汤姆逊，他个头儿不高，衣冠整洁，留短须，戴眼镜，看上去颇为斯文。他思路敏捷、善于推理，故人称“科学侦探”，很受剑桥人爱戴。

汤姆逊1856年生于英国。他自幼智力过人，据说14岁时就进入欧文学院，入剑桥大学一年后即被选为该校荣誉评议员，28岁时加入英国皇家学会，并荣任卡文迪什实验室教授。他作风民主，善于组织大家协同攻关。有一次，他在大英协会的会议上说：“蝼蚁、鸿雁等尚知成伙结队，同心协力，何况人乎！当今之科学，钻研日益精细，仪器日渐庞杂，单枪匹马怎能成气候，已到非依靠集体不可的时候了！”他遂在卡文迪什实验室大搞学术交流，诸如班后茶会、星期聚餐会、年度聚餐会等。大家推心置腹、切磋琢磨，彼此间十分融洽亲密。

这一日，天色阴沉，闷热异常。大家正在会议室喝茶漫谈，忽见汤姆逊一头撞进来，说道：“快来，快来，我给你们看一样东西！”于是，大家向实验室涌去。进门一看，只见桌上摆着一堆仪器，有一段闪光的玻璃管格外引人注目。有一人喊道：“这不是伦琴鼓捣过的克罗克斯管吗，你也想研究X射线？”汤姆逊笑道：“肃静，实验室里严禁喧哗！”

汤姆逊扳动开关。这时，在玻璃管一端的圆球形管壁上出现了一个光点，绿荧荧地忽闪个不停。汤姆逊说声“注意”，便慢慢转动电阻器。这时，只见那光点像接到命令一般也慢慢转动起来。汤姆逊换了一把手柄去转另一个仪器，那光点也向另一方向移去。汤姆逊的动作越来越快，那光点则紧紧跟着，显得十分听话。

大家被这精彩的表演迷住了，都在呆呆地观看。正在这时，忽然亮起一道白光，接着一声霹雳巨响，那光点像受惊的飞鸟一般乱蹦乱跳起来。汤姆逊叫了声“不妙”，急忙关掉电源，又跑去关窗。这时，雨点劈头盖脸地打来，淋得汤姆逊叫苦不迭。见此，大家不由得大笑起来。

晚上，会议室里灯光通亮。汤姆逊站在黑板前，滔滔不绝地演讲起来："诸位知道，伦琴曾在克罗克斯管周围发现了X射线，并且证明此射线来源于管中的阴极。当阴极发出的阴极射线碰到阳极时，则在撞击阳极的同时发射X射线。但这阴极射线究竟是何物，至今还是不解之谜。这就像在刑事侦查中，被杀者的情况已经查明，但凶手的身份尚未明了，确实令人遗憾。"

此刻，汤姆逊像一名职业侦探那样，不慌不忙地分析道："我们不妨作一番推理。根据以往科学家的看法和目前人们的认知水平，可作两个假设。假设一，阴极射线是超气态。这是克罗克斯爵士的意见。那么，因为它只是物质的状态变化，又是从阴极发射出来的，它必定含有组成阴极的物质成分。如用铜做阴极，就应该含有铜才对。但是对用过的克罗克斯管内壁进行化验时，却没有发现这种物质。换言之，化学检验不支持这一假设。假设二，阴极射线是X射线。那么，既然是射线，就不应受磁场影响才对。可是当我用磁铁靠近它时，它却明显地拐弯了。看来假设二也不成立。那么，它是什么呢？显然只有一种可能，它是一种新的尚未被人所知晓的物质微粒。"

这时，有一人喊起来：“恐怕不行吧，您并未说明这阴极射线究竟是什么东西呀！‘新的微粒’不过是搪塞之词罢了。如果侦探告诉警方说，他只知道杀人者是‘新的凶手’，能行吗？”

汤姆逊笑道：“别急，现在就讲它是谁。我查阅了物理学案卷，想看看历史上有哪些粒子曾被预言过，但却未在实验中被发现，而且其相貌表现又和阴极射线类似。经过一番筛选，我把目标集中到一个最可疑的家伙身上，它就是6年前斯东尼所提出且又经荷兰物理学家洛仑兹论证过的——电子！”

此话一出，全场顿时哗然。说起电来，谁人不晓。关于电现象的记载，从中国古代《论衡》一书提到的“顿牟掇芥”算起，少说也有2000年的历史了。但电是什么却一直是难解之谜。后虽有电子学说，认为电实质上由一个个电子组成的，但天晓得电子到底有没有呀！今日汤姆逊一语道破，阴极射线就是电子流，一举破二谜，怎能不令人吃惊？

大家争相盘诘，有人甚至面红耳赤地说汤姆逊“骗人”，是在演“哗众取宠的把戏”，情绪十分激动。汤姆逊好不容易让大家坐下，擦擦汗说：“诸位镇定！我一生尊重事实，决不主观妄断。最近我正布置实验，寻找有力佐证。今日下午，诸位都看到了，我已安装了一套可使克罗克斯管的阴极射线光点上下移动的装置，我给它起了个名字叫电磁‘哨卡’。”大家一听又瞪起眼睛来。

汤姆逊接着说：“这玩意儿其实很简单，主体是带有相反电荷的两块平行金属板。当阴极射线从中经过时，受电力作用要发生偏转。偏转角度与粒子的质量和电荷量有密切关系。这样，利用此‘哨卡’，便可测定新物质微粒质量与电荷量的比值，从而鉴定它是否真是电子。我想只有到那时，此案才能完全了结。”

大家听汤姆逊说得句句在理，方心悦诚服地点起头来。接着，大家又议论了一阵，很晚才散去。

1897 年秋，一篇题为“小于氢原子的质量的存在”的论文发表在哲学杂志上。汤姆逊终于如愿以偿。他在文章中写道：“这种带负电的粒子十分微小，一亿亿个加到一起还不到千分之一克，大约只相当于最轻的原子——氢原子质量的二千分之一，但它在克罗克斯管中飞行的速度极快，为光速的十分之一，最快的飞机和它相比也慢得像蜗牛一般。”汤姆逊还特别指出，“不管阴极用的是什么材料，阴极射线中的微粒却完全相同。可见这小东西存在于一切物质之中，应是构成各种原子的更基本的粒子之一。”为慎重起见，在论文中汤姆逊只使用了“带负电的小粒子”一词。直到第一次世界大战结束后，待证据更加确凿时，这种小粒子才被改称为“电子”。

汤姆逊被人称为“电子之父”，但这位“电子之父”当时并未料到，这个微小得难以形容的东西后来竟能改变整个世界的面貌，成为人们须臾不可缺少者！汤姆逊用来鉴定电子的“哨卡”几经演变，终于成为示波管和电视显像管，风靡世界。当诸位笑逐颜开地坐在电视机前观看精彩的电视节目时，切莫忘记“科学侦探”汤姆逊的这份功劳啊！

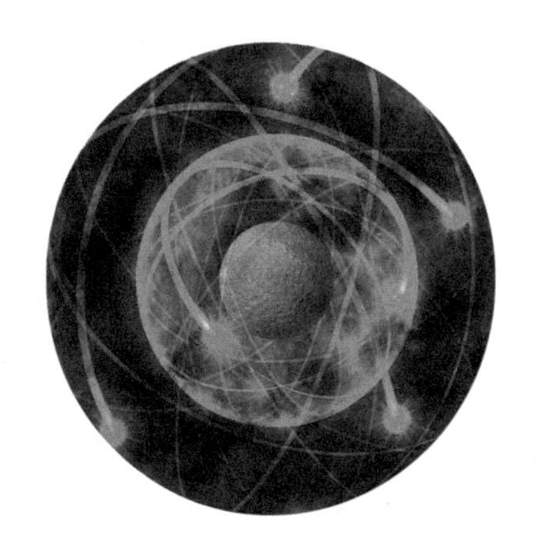

原子内部有个“核”

这一天，汤姆逊正在卡文迪什实验室里伏案进行复杂计算，忽听有人敲门。开门看时，却见著名物理学家开尔文博士，手里握着一纸卷站在门口。汤姆逊与他相交甚厚，便干脆说道：“请改日再来，我今日十分忙碌。”开尔文却并不理睬，将那纸卷铺到桌上说：“不行，我的事丝毫耽搁不得！”

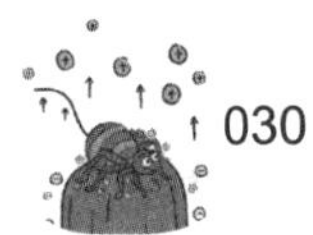

汤姆逊俯身一看，纸上乱七八糟，画了好多奇形怪状的图样，且五颜六色，颇为复杂。因一时摸不着头脑，汤姆逊便问道："这是什么宝贝？"开尔文笑道："这叫原子容貌猜想图。自从你发现电子后，我也一直在猜想，那神秘莫测的原子究竟什么样儿，有时竟会想得通宵失眠哩！"汤姆逊盯着那图看了一会儿，笑道："有意思。我也有些想法，你先说说看！"开尔文道："古希腊人曾认为，原子是坚硬小球，但为解释固体和液体的区别，他们曾想象液体的原子圆润光滑、容易滚动，固体的原子则粗糙不平、相互镶嵌。"

开尔文微笑一下，继续说道："不谈这些怪论。自进入 20 世纪，情况大变。X 射线、放射性和电子的相继发现，使人们想到原子必有复杂的结构。我的看法是，电子虽肯定是原子的组成部分，但它又小又轻，绝不会是原子的主体。原子中一定还有一个大家伙未被发现，你说对不对？"

汤姆逊沉吟好久才说道："有道理，但这大家伙什么模样，和电子是什么关系呢？"开尔文从口袋中掏出一个面包，将其掰成两半儿放在汤姆逊面前，自信地说道："我认为，原子的模样应该如此。那大家伙就像这面包中的面粉，它带正电荷。电子就像这面包中的葡萄干儿，零零散散地夹在其中，它带负电荷。因为正负电荷相互抵消，所以整个面包不显电性。这正符合原子呈电中性的事实。”

汤姆逊一听这话，立刻摇头说：“不，我有我的看法。”他拿起笔来在那卷纸的一角处画了一个洋葱头说：“依我看，这原子中的电子应该是一层一层排列的，像洋葱头一样，构成许多同心圆环，层数多少则视原子中电子数目的多少而定。有的原子可能只有一层，有的则可能有三层、五层……”开尔文道：“这就是胡说了，哪里会有洋葱头式的原子？”两人互不相让，越说越激动，竟争得面红耳赤。

这时，一青年进来劝道：“二位师长请息怒。依学生之见，洋葱头也罢，葡萄干儿面包也罢，都不过是一

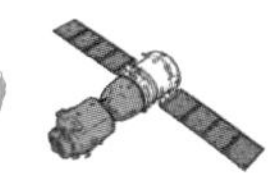

种假设、一种猜想而已！如无实验根据，争吵100年也是枉然。且请用茶。”两人听罢，笑将起来。汤姆逊介绍说：“这青年是我的研究生，名叫厄内斯特·卢瑟福，颇有才华。”

有一次，卢瑟福从外地回到英国，“伊丽莎白”号邮轮拉响了汽笛，缓缓驶入曼彻斯特港。卢瑟福头戴礼帽、手提皮箱，随着拥挤的人流踏板登岸。正走间，忽听“砰”的一声枪响，他不觉一惊；接着，又是“砰”“砰”一阵乱响，他立即警觉起来。循声看时，却见码头上有一位身穿海关制服的官员，正对着一堆棉花包射击。卢瑟福感到好奇，便上前询问。

那官员笑道：“先生有所不知，近来社会治安情况不好，常有人从海外偷运武器入境。贼人与商贾合谋，将武器藏匿于棉花包中。我们人手有限，哪能对成千上万包棉花逐一进行检查？最近我想到一妙法，用枪对之射击。如包中无金属异物，则子弹将穿越而过；如有武器藏在里面，必使子弹受阻或从其他方向反射出来。此法十分简便。”说罢，他又提起手枪，“砰”“砰”乱射起来。

卢瑟福感到有趣，便驻足观看。忽听“卡啦”一声怪响，有一颗子弹竟“嗖”的一声从棉花包中被反弹回来，直落到卢瑟福脚下。那官员大喊一声“有私货”，几位

值班警察便一拥而上，七手八脚将一包棉花拉了出来。拆开看时，里面果然藏有一捆黑亮崭新的枪支。旁边的商人见状惊恐起来，警察立刻将其逮住并押走了。

卢瑟福边走边想，原子极小，其内部情况难以弄清，何不学学这位海关官员，用子弹射击之法探测一下它内部的构成？火力侦察历来为兵家所爱，原子物理学者又为何不能仿效呢？但用枪的子弹似乎大了些，须找一种极小的子弹才好。此刻，卢瑟福猛地想起，居里夫人发

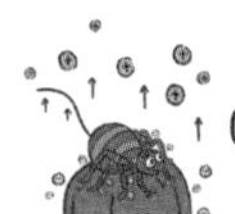

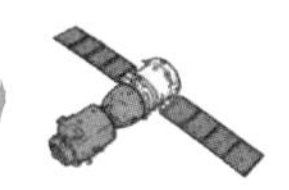

现的镭元素，能不断放出一种又小又重的粒子（α 粒子），且速度极快，岂不正是攻击原子的理想子弹吗？

在他和助手们的精心设计下，一门轰击原子的“大炮”应运而生。这是全世界第一门原子“大炮”。说来好笑，此炮既无雄壮威武的炮身，也无长长扬起的炮管，只有一个钻有小孔的铅罐。罐中放了一点儿镭。带电的 α 粒子从镭中发出后，被引入一个用铜片围绕的抽尽空气的玻璃容器，然后射到涂有硫化锌的屏上。粒子速度极高，射到屏上便会出现一个闪光点，人们借助显微镜可以清楚地看到闪光点。

这一天，卢瑟福和助手盖革一起，把一片厚度不到千分之一厘米的极薄的金箔置于镭炮与靶屏之间。几个实验员各守一个观察点，以弄清炮弹的走向。一切准备就绪，卢瑟福便猛地抽开隔板开“炮”轰击金箔。

过了不多会儿，盖革忽然凑到卢瑟福耳边悄声说：“先生，奇怪，奇怪，这原子似乎在唱空城计呢！”卢瑟福心头一惊，急忙过来观看，只见那涂硫化锌的屏上闪闪烁烁。计数结果却发现，那发光的次数竟和未放金箔前没有任何区别。这就是说，α 粒子射向金箔后，竟直穿而过，如入无物之境。

卢瑟福惊叫道：“这倒奇怪了。此金箔虽极薄，但也有2000个金原子的厚度呢！难道就连一个粒子也抵挡不住？这无异于一块小小的石子能穿透一堵厚达百米的墙，简直不可思议！”

卢瑟福正在纳闷，忽在屏的一角隅处发现一个亮点，便脱口喊道：“哎呀，有私货！”大家莫名其妙，卢瑟福自己也笑了起来。这时，盖革也在另一角隅处发现了闪光。卢瑟福顿时振奋起来，他索性脱下外衣，亲自转动镭炮，从不同的角度仔细观察，让盖革等人详细记录。

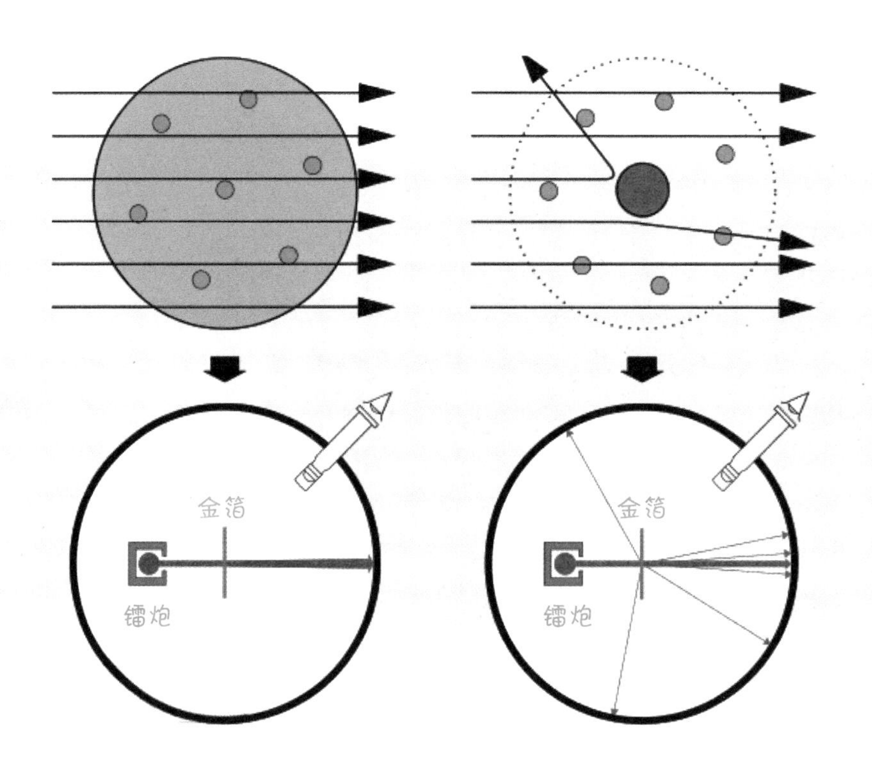

实验结果表明，每8000个α粒子中就有7999个直穿金箔而过，只有1个的线路发生明显偏转。偏转的角度可以很大，最大的甚至可以沿原路被反弹回来，像遇到坚硬的"铜墙铁壁"一般。这是怎么回事?

卢瑟福陷入沉思。

卢瑟福回到家中，冥思苦想，饭也不吃，连夜去找盖革。盖革见卢瑟福深夜来访，知有要事，连忙披衣出迎。卢瑟福劈头便问道："一枚15英寸（0.381米）口径的大炮弹竟被一张薄薄的窗户纸反弹回来，你能相信吗?"盖革说道："您在说梦话吧，我不相信。"卢瑟福却一本正经地说道："我们的实验似乎证明了这一点。"

卢瑟福见盖革仍然茫然不解，又说道："看来原子之中非常空，既不像开尔文博士说的面包团，又不像汤姆逊教授说的洋葱头，它基本上是个一无所有的空壳子！但是，这个空壳子中却有一个非常坚实、非常厉害的小'怪物'。这个'怪物'体积很小，但质量却非常大。我计算了一下，原子的全部质量几乎都集中到了它的身上。"盖革连忙接过卢瑟福递过来的稿纸仔细观看，连声说："有道理！有道理！那被反弹回来的个别粒子正是此怪物所为。看来我们在原子中发现了一个有趣的东西，你应该给它起个名字才是！"

卢瑟福笑道：“我梦见过一些樱桃核在飞舞。这原子中的‘怪物’也和樱桃核一样，又小又坚硬，我看就把这怪物唤作‘原子的核’——原子核吧！”盖革听罢，拍手称妙。卢瑟福却又道：“不过，原子核与水果核也很难相比。据我们的实验推算，原子核的直径只有原子直径的万分之一。如果把一个原子放大成一个大厅，原子核也不过豆粒大小呢！”

“鳄鱼”击碎了原子核

卢瑟福1871年出生于新西兰。父亲原是农夫兼手工业者，家境不甚宽裕，卢瑟福协助父亲在家种田。多亏汤姆逊提议把剑桥大学的奖学金范围扩大到国外，卢瑟福才有机会来到英国学习。据说，卢瑟福接到通知书时正在田间劳动，一时高兴竟把镐头向天上扔去。

1918年，第一次世界大战结束。汤姆逊年事已高，便主动让贤，推荐卢瑟福担任剑桥大学卡文迪什实验室主任。此时，卢瑟福因发现了原子核，被世人誉为原子科学的“开山之祖”，声望甚高，各国有志从事此项研究的研究者纷纷慕名而来。其中，著名的有俄国的卡皮察、英国的查德威克、日本的清水和中国的张文裕等。从此，英国的剑桥、丹麦的哥本哈根和德国的哥廷根城一起被称为国际原子研究三大中心。

这一日，卢瑟福心情不好，脸色铁青，正在办公室踱步，只见卡皮察兴高采烈地闯了进来，喊道：“快走，

快走，新实验室的揭幕式就要开始了，在等您剪彩呢！”他边说边拖着卢瑟福向外走去。这时人们都围在一座新建成的大楼前，指手画脚地议论着。看到卢瑟福走来，大家立刻收敛了笑容，有人还作了个鬼脸。卢瑟福抬头看时，门上镶嵌着一尊鳄鱼的石雕，鳄鱼大口张开，眼珠瞪起，煞是吓人。卢瑟福皱眉问道：“这是什么意思？”

卡皮察忙上前说道：“这是我特地请英国著名雕刻家爱利克·吉尔用上好的石料雕成的。这鳄鱼象征着科学。科学应该像鳄鱼一样，张开吞食一切的大口不断前进！”卢瑟福点头赞许，剪彩后便走进楼去。这时，人群中突然发出一阵哄笑。原来卢瑟福性格倔强，有一股“拼命

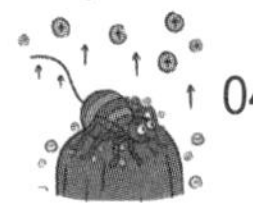

三郎”的脾气，同事们背后给卢瑟福起了个绰号，叫他“鳄鱼”，但卢瑟福哪里知道？

卢瑟福原有一位同事，名叫马斯丁。马斯丁在1914年发现了一件怪事：当他用镭的射线轰击氢气时，有个别的氢原子核被打跑了，其速度之快，竟然超过了镭的射线。

卢瑟福闻讯后很受启发，他立即领悟到：这领域大有研究的空间。

镭射线既然能打中原子核，就有击碎它的可能！不同的原子核决定不同的元素，如果真的能打碎原子核，就能把一种元素变成另一种元素，譬如把铁元素变成金元素，那不就实现了古代炼金术士的梦想了吗？

但作出预见和真正实现却不是一码事。且不说原子核在原子中占据的位置十分小，寻找甚难，即使找到，那‘镭炮’既无瞄准工具又无控制扳机，完全听任其乱射乱撞，“炮弹”又怎能刚好打到核上？

然而，卢瑟福从不放过任何一个科学上的机会，一旦认定目标，更无暇他顾。从此，他便夜以继日，一丝不苟地准备起来。

大自然有时慷慨，有时吝啬。就像是和卢瑟福比耐性似的，日子一天天过去，屏幕上却总是漆黑一团，毫无动静。助手们有的着急，有的泄气，卢瑟福心中也犯起嘀咕：莫非实验的设计有错?

这一天，卢瑟福决定将筒中气体更换一下，于是他泵出氧气又充进氮气。令人激动的时刻终于降临了！

突然，屏幕上出现了一点微弱的闪光，犹如夜空中出现了寒星！卢瑟福心中一阵惊喜，立刻瞪大了眼睛。但此光转瞬便消逝不见了。卢瑟福揉揉眼，怕心急眼花看错了，故一声未吭，又全神贯注地观察起来。不久，又是一次闪光，这次清清楚楚，接着又闪了一次！

这些闪光虽然都很微弱，但对卢瑟福来说似乎是一片灿烂的朝霞，不亚于旭日东升，他心中自然十分喜悦。

卢瑟福将汤姆逊老师用过的仪器搬来，不过这次不

是用来鉴定电子，而是鉴定新获取的原子核碎片。结果证明，这些碎片都是氢的原子核，卢瑟福称之为“质子”，并认为它是构成物质的更基本的物质，是原子核的一个重要组成部分，其希腊文原意为“第一”，即“非常基本非常重要”之意。

从氮气中获得氢气，这是有史以来的第一次。这一事实说明，人类可以改变元素，实现元素的互变。这当然是一条震惊世界的新闻！

后来，在卡文迪什实验室工作的科学家们更加紧张地工作起来，他们继续用镭炮轰击原子核。不久，他们把硼变成了碳，把钠变成了镁，把铝变成了硅，把磷变成了硫……到了 1941 年，美国哈佛大学的班布里奇博士终于将几百万个汞原子变成了金原子，彻底实现了炼金之梦。

人造黄金成本极高，制造量极微，从经济上看完全是亏本生意，但有些商人不明真相，以为发财机会已到，纷纷前来接洽，弄得班布里奇哭笑不得。

巨大的能量宝库

科学家们发现，用镭的射线作为攻击原子核的“大炮”，效率太低，能量也太小，为了揭示原子的秘密，他们建造了“高压大炮”——加速器；为了测量粒子的性质，他们又制造了云雾室。

话说卡文迪什实验室的科克洛夫和华尔顿两人制成“高压大炮”后，便马不停蹄地准备向原子核“开炮射击”。

这一日，风和日丽，同事们都去郊外游玩，他俩却在实验室里一会儿调整仪器，一会儿安装云雾室，忙得不亦乐乎。第一炮选择的靶子是位于元素周期表第三位的锂，用的炮弹是加速后的质子。一切就绪，他们便开炮实验。

此刻，他们心情激动，期待着第一批成果的出现。当照片刚刚冲洗出来，水迹尚未晾干时，科克洛夫便一把抢去，仔细观察起来。

华尔顿发现，科克洛夫观察了一阵，突然严肃起来，

眼珠乱转。他碰碰科克洛夫的胳膊，问道：“你怎么了？”科克洛夫并不理睬，自顾自坐到桌前，抽出一张纸乱画起来。不一会儿，他把计算纸递了过去，紧张地说道：“你看，拉瓦锡早就告诉我们，化学反应前后总的质量保持不变，这就是物质不灭定律。这个定律早已举世公认，可谓颠扑不破的真理。原子核反应作为物质变化的一种形式，也应该遵守此定律才对。可你看，锂原子核加上质子的质量，明显大于打碎锂原子核后，放出的两个粒子的质量，有一部分质量竟神秘地失踪了，你说怪不怪呢？”

华尔顿听后一怔，也低头计算起来。不久，他也喊叫起来：“这倒怪了，难道这些质量能飞上天去不成？”

两人慌忙检查仪器，查看照片，并重复实验，想找出质量失踪的原因，可一无所获。眼看日落西山，两人早已饥肠辘辘，便决定先去吃饭，晚上再来查找。

这天晚上月朗星稀，剑桥之夜景色迷人。卢瑟福正在校园中散步，见中心实验室的灯还亮着，便前去查看，恰巧听到了科克洛夫和华尔顿关于质量失踪的议论，不禁猛地一惊，叫道：“这是真的？有一人早在27年前就对此作了预言。想不到今天真的被证实了，真是伟人啊！”

华尔顿闻声回头，见是卢瑟福，便问他此人是谁。卢瑟福慢悠悠地说道：“此人乃一代奇士也！他一生未碰过任何科学仪器，也未做过一次实验，只用一支铅笔和几张纸片就登上了科学的高峰！”华尔顿和科克洛夫仍是发懵，卢瑟福却笑将起来，说道：“你们可真健忘啊！那年此人不是来过剑桥并住在牛顿曾居住过的那间木屋里吗？”两人恍然大悟，脱口喊道：“噢，是爱因斯坦！”

卢瑟福说：“正是。爱因斯坦1905年在关于狭义相对论的论文中提出了一个公式，即能量等于质量乘以光速的平方，这就是质能关系式。爱因斯坦认为，能量和质量有对应关系，如果反应中质量减少了一些，则能量必有所增加。所以说，你们的这个实验中，质量并没有失踪，它完全变成那两个粒子运动的动能了。不信你们测测看。”

科克洛夫忙去测量，不一会儿他拍案叫道：“妙极了，简直丝毫不差，这爱因斯坦怕不是哪路神仙下凡吧？”

卢瑟福扑哧一笑，又说道：“还有更神奇的呢！按

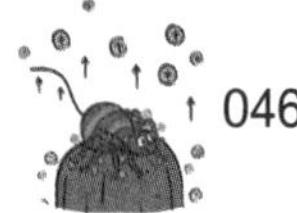

照这个公式算起来，任何物质都能转化成惊人的能量。欧洲这么多发达国家，按照20世纪中期消耗的能量计算，只要有10千克物质，它的能量即可满足这些国家每年的能量需要；甚至吸一口气儿的这点点空气的质量，也足够驱动一艘巨大海轮航行好久呢！”

华尔顿听得入神，兴致勃勃地建议道：“原子核集中了原子的绝大部分质量，按照爱因斯坦的理论，必然蕴藏着巨大的能量。我们何不奋斗一番，打开这座能量宝库，为人类造福！”卢瑟福却摇摇头，严肃地说：“这太难了！原子核内部能量虽大，如何取出这些能量，当前科学家们还是一筹莫展啊！这也许就是海市蜃楼，永远可望而不可即啊！”

谈起爱因斯坦，三人的话题多了起来。

爱因斯坦，1879年3月14日出生于德国南部一个名叫乌尔姆的小城。他的父母都是犹太人。少年时期的爱因斯坦对自然现象就有敏锐的洞察力。有一次，他父亲送给他一个旧指南针当玩具。谁知，他才玩了一会儿，却提出了一大堆疑问，如为什么它能指南北呀？那针为什么颤抖不已呀？这神奇的力量从哪儿来的呀……直问得他父亲张口结舌，而小爱因斯坦还是不肯罢休。

他们三个人越谈越起劲，不知不觉夜已深，卢瑟福便催科克洛夫和华尔顿回去安歇。

追赶光线的爱因斯坦

话说爱因斯坦才智过人，12岁时就能独立证出毕达哥拉斯定理。谁知他上中学后情况却不妙，除了数学出类拔萃，其他功课成绩平平，有时还偶尔得个“劣等”。他的脾气也很是古怪，终日郁郁寡欢，不讨人喜欢，最后竟被校方定为“低能儿”而被勒令退学。这时，他的父亲经营的工厂也破产了，于是全家迁往意大利的米兰。

爱因斯坦失学后并不气馁。他发愤自学，很快就掌握了中学基础知识并自修了高等数学。1895年，他报考瑞士联邦工业大学，但未被录取。补习一年后，终于考进了该校的师范系，准备将来当一名教师。但毕业后正值经济萧条，就业十分困难，他在家中闲待了两年后，实在混不下去了，才去找朋友帮助，希望能够找份工作混碗饭吃。

格罗斯曼，乃他的挚友，大学时曾参加过爱因斯坦的哲学小组。此小组被人们戏称为“奥林比亚科学院”，此小组每周活动一次，小伙子们阅读哲学著作，无论是马赫或休谟的唯心主义，还是斯宾诺莎的唯物主义他们都读，并且他们喜欢评头品足，常争得面红耳赤。见到挚友相求，格罗斯曼便找父亲帮忙，替爱因斯坦在伯尔尼市专利局找了份抄抄写写的工作。然而，正是在这七年的小职员生活中，爱因斯坦利用业余时间，做出了划时代的贡献。哲人肖伯纳甚至评价说，爱因斯坦为人类创造了一个新的宇宙。

1895 年的一个夜晚，瑞士小城伯尔尼市到处灯光通明，一派热闹景象，忽然有一辆马车叮叮当当地从远处驶来。车内坐的正是爱因斯坦。此时，爱因斯坦刚满 16 岁，满头卷发，脸色红润，两眼清澈如水，正英姿勃勃地坐在车窗边。

无意间，爱因斯坦看到从街旁路灯射出的光芒似乎正随着马车一同奔驰。当时他恰好刚读完麦克斯韦的电磁学著作，对光线是以 30 万千米每秒的速度传播的电磁波的理论记忆犹新，因此这一现象引起他凝神沉思。他注视着一盏盏灯慢慢移向远处，直到消失于黑暗处。

这时，有一种想法在他的脑海里翻腾起来：如果我的马车跑得非常之快，能够赶上光的速度，将会看到何种图像？他索性闭上眼睛，让幻想驰骋。此刻，他似乎看到那辆马车被一种神力驱动，风驰电掣起来，越来越

快，竟真的追上了光线！再看那光线时，却变成了另一幅图像：这光线的电场和磁场仍在振荡，但却不再前进，而是变成了停滞的一泓死水！

这是怎么回事？这不完全违反了麦克斯韦理论吗？爱因斯坦正感觉莫名其妙时，马车却剧烈地颠簸了一下，将他惊醒过来。他自言自语道："这不可能，绝对不可能！"一丝笑意从嘴角掠过，但他很快又陷入更深的沉思中。

这件事后来成为"相对论"理论的萌芽。

爱因斯坦在67岁时写了一份自传，对此事曾详细论述过。他写道："经过十年思考，我从一个悖论中得到

了一个原理。这个悖论是我16岁时无意中想到的，如果我以光速追随一条光线运动，我就会看到一个在空间振荡却停滞不前的电磁场。可是，无论是依据经验，还是按照麦克斯韦方程，看来都不会有这样的事情发生。”

他说：“从一开始，以我的直觉就清晰地认识到，从这样一个观察者的观点来判断，一切都应当像一个相对于地球是静止的观察者所看到的那样，按照同样的一些定律进行。因为，第一个观察者怎么会知道他自己处于均匀、快速运动的状态中呢？这正是以任何坐标系统中光速都相等为基础的。”

爱因斯坦创立了名叫“相对论”的新学说。前面讲过的质量与能量的关系式，乃此学说的推论。

爱因斯坦还据此提出三大预言，分别涉及光线在太阳附近的偏折、行星近日点的移动和光谱线的引力红移。他还谦虚地声明说：“我乐于听任天文学的专业工作者对此作出最终的判决。”后来，这些预言均被实验证实。

但是，此理论却与传统的牛顿力学大相径庭。难怪他在自传的开头就发出了“牛顿啊，请原谅我”的动人呼声。

因为按照牛顿力学，诸如长度、时间和质量等物理量都是绝对的，与观察者是否运动并无任何瓜葛。一尺就是一尺，难道在运动的观测者看来会变成半尺不成？

一秒就是一秒，难道在运动的观测者看来会变成半秒不成？但根据相对论，则完全可能。爱因斯坦说：“如果我们的飞机速度可以达到29.9千米每秒，当从机窗看下面一把一米长的尺子时，尺子竟变得不足1厘米长了。”钟表和质量也有很明显变化。中国古代有“天上方半日、地下已千年”之说，这并非荒诞无稽。

但地球上为何看不到这些怪事？那是因为速度太慢之故。实际上，相对论并不排斥牛顿力学，在低速时它的公式与牛顿的公式毫无差别；但对原子的研究，却非用它不可了。从原子中放出的射线，有的速度已接近光速，人们发现，从原子中放出的高速射线的质量，要比缓慢运动时大得多，这完全不能用牛顿力学来解释。

原子很像太阳系

尼尔斯·玻尔

话说德国希特勒上台后，疯狂迫害犹太裔科学家，科学家们走投无路，便纷纷投奔世界物理学“圣地”——丹麦的哥本哈根去了。流亡科学家们来到丹麦后，都聚集在哥本哈根大学的玻尔研究所。

玻尔何许人也，竟有如此大的吸引力？

玻尔，1885 年出生于丹麦首都哥本哈根。大学毕业后便去英国深造，先后在剑桥大学卡文迪什实验室和曼彻斯特卢瑟福实验室从事过原子研究。此时的玻尔像一颗灿烂的新星，引人注目地升上了天空，很快成为赫赫有名的国际原子科学大师、量子力学奠基人、声名远扬的哥本哈根学派领袖。

玻尔听说科学家们遭到迫害，怒不可遏，便立即和卢瑟福联系，筹集救济资金，尽最大努力安排好流亡学者的工作和生活，同时又赶紧给那些尚留在德国的原子科学家写信。信上写道：“各位同仁，一定要多加小心！处境危险时请立刻来我这里。我不会强迫你们长期留在我这里。你们可以在这里冷静、周密地考虑一下究竟到哪儿去更合适。”

玻尔这一义举确实挽救了一大批知识分子的性命。

玻尔研究所只有一幢总面积为350平方米的小楼，这里既是实验室和办公室，还兼作宿舍和招待所。玻尔和同事们多是全家住在楼内，来所临时工作的学者则住在顶层角楼，因此小楼显得格外拥挤。研究所精兵简政，全所职工只有9名，包括管理金工车间和维护大楼清洁的技术员奥尔逊、女秘书秀丝在内。职工中大部分都是青年，最有资历的所长玻尔才35岁。

然而，玻尔就在如此简陋之处，对原子的研究却卓有建树。由于玻尔秉性和善，提倡自由讨论，有志青年纷纷慕名而来，逐步形成了举世闻名的哥本哈根学派。他们还倡导了一种有口皆碑的哥本哈根精神，主张真理面前人人平等、平等协商、自由讨论，这对后人影响极大。

玻尔研究所先后培养出了10位诺贝尔奖得主。1964年，苏联著名学者朗道曾问玻尔：“您为什么能建立起世界第一流的物理学派？”玻尔答道：“很简单，因为我从来不怕羞耻地向青年们承认自己的愚蠢。”

玻尔的学术成就之一，就是提出了原子的“玻尔模

型”，通俗点说，就是告诉我们，原子的“庐山真面目”到底是什么样。

卢瑟福曾提出原子的行星模型，认为原子像太阳系，中心是个又小又硬的原子核，电子像行星一样，不停地绕着原子核运转。但是，这一模型有一个很大的缺点，即不能解释原子的稳定性。因为电子带负电，原子核带正电，两者要互相吸引，如果电子旋转的速度足够大，倒可以使此吸引力充当圆周运动的向心力，电子不会落入核中，但这又和麦克斯韦的电磁波理论发生了冲突。按麦克斯韦的理论，绕核运转的电子能量应该越来越小，速度越来越慢，最后摆脱不了落入核中之命运。

然而实际上，任何原子都处于稳定状态，既无能量发射，也没有发生电子落入核中的现象，这与卢瑟福的原子模型十分矛盾。卢瑟福对此思索多年，也曾提出一些猜想，但一直未解疑团。

这一日，卢瑟福正在伏案写作，忽见玻尔推门进来。他急忙站起身来，却见玻尔用结结巴巴的英语说：“老师，我找到了闯进原子迷宫的钥匙了！”说着，他便从手提包中取出一摞东西，摊放在桌上。卢瑟福定睛看时，却是许多照片。这些照片既无秀丽的风景，又无漂亮的人物，只是在一条长长的黑带上间或有几根彩色的光条，像商店里挂着的彩色丝线一样。

话说玻尔向卢瑟福出示的是氢原子的光谱照片，见卢瑟福有些愕然，忙解释道：“是这么回事。您一定知道，很早以前，人们就发现炽热的气体发出的光经三棱镜折射后，可展成按波长排列的光带。有趣的是，每种化学元素都有自己特定的谱线，并非红、橙、黄、绿、青、蓝、紫诸色俱备。例如，钾只有红色线和紫色线，氢却具有红、蓝、青三种颜色的光线。”

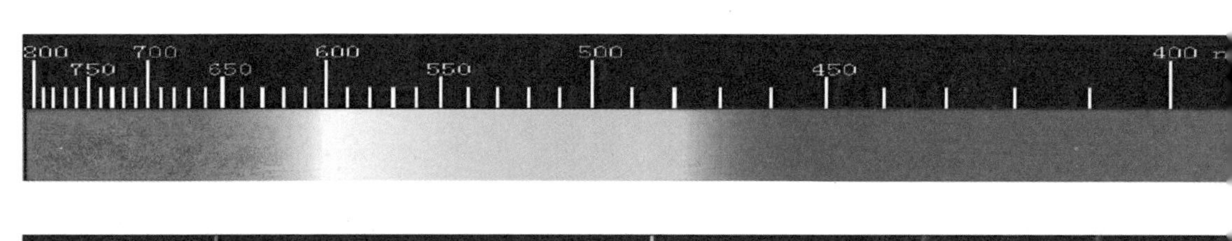

玻尔又说：“瑞士有一位教师名叫巴尔麦，多年致力于研究光谱线的规律性，他提出了一个公式，此公式可用来相当准确地描述氢原子各条谱线的位置。我想，光线是从原子中发出来的，光谱的规律性中必然反映着原子内部的规律性。如果我们顺藤摸瓜，追本求源，岂不可以弄明白原子迷宫的真相？”

卢瑟福闻听甚喜，道：“太好了，请快说下去！”玻尔说：“我据此推出的结论是，电子虽围绕着原子核不停运转，但它的运动轨道不是任意的。这和你以前的

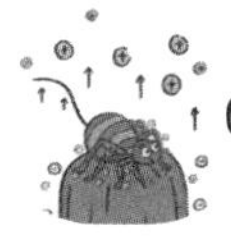

意见不同。”说着，玻尔便在一块黑板上画了起来。他先画了一个小点，然后在此点周围画了好多同心圆圈，如一石落湖激起的层层涟漪，一圈一圈彼此套住。

他接着说：“假定这中央小点就是原子核，而这些圆圈就是电子运动的轨道。电子只能沿着这些轨道运行，不能乱来。我还假定，电子在一条轨道上正常运行时并不发射能量。如果由外部供给它能量，此能量又达到了普朗克量子理论规定的大小，那么位于内圈的低能轨道上的电子将受到激发，跳到外圈的高能轨道上。电子在跳到外圈后是不稳定的，它将放出能量再跳回‘老家’——

内圈轨道上。这放出的能量就是光线，因为能量是确定的，恰等于高能轨道与低能轨道能量之差，这对应于光谱照片中一条特定的谱线……”

卢瑟福大喜，拍案叫道：“妙极了！妙极了！我看不妨称此理论为玻尔模型，你赶快发表论文。”玻尔说：“我想再进一步作些计算，与实验比较一下。”卢瑟福急问：“有结果没有？”玻尔说：“只算了氢原子，与实验的结果完全一致。”

1913 年，玻尔发表了 3 篇论文。由于解释氢原子的光谱获得巨大成功，玻尔的论文震惊了物理学界，玻尔对原子结构的描述，也得到了科学家的广泛认可。

“隐身人”面目暴露

原子核中包含两种粒子，一种是质子，一种是中子。前面讲过质子的发现，中子的发现也有一段曲折的故事。

詹姆斯·查德威克本是英国人。他于 1891 年 10 月 20 日出生于曼彻斯特，先后曾在曼彻斯特大学、柏林大学和剑桥大学上学，毕业后则长期与卢瑟福共事，是卢瑟福的得意门生和亲密助手。

查德威克具有高超的实验技术。早在柏林大学上学时，他就获得了 β 射线的能谱，并据此提出精辟见解。在卡文迪什实验室，查德威克是操纵“镭炮”的主炮手，曾精确测量过 α 粒子的散射角，从而确定了原子核的电荷量，再次在科学界引起关注。1920 年，卢瑟福预言原子核中含有中子，查德威克非常赞同并暗下决心潜心钻研，誓要通过实验觅寻中子的踪迹。

1930 年，曾发生过一件怪事。德国有两个原子物理学家，一个叫博恩，一个叫贝格。有一次，他们用镭的射线轰击原子序数为 4 的元素铍时，发现盖革计数器突然响声大作，说明出现了强辐射。这突如其来的辐射是什么呢？他们一时弄不明白。

1931 年，正值国际物理学家大会在苏黎世召开，博恩和贝格在大会上顺便报道了这一发现，并声称那很可能是伽马射线一类的东西。谁知，说者无意，听者有心。这消息却被一对夫妇听到。居里夫人有个大女儿叫伊林娜，她为人持重，喜欢思考，忠实于科学，与其母酷似。她与青年科学家约里奥结婚后，一直在母亲的指导下从事放射性元素的研究，练就了一身本领。

他们听到这一消息后，就满怀兴趣地重复了此实验，后又在铍板与测量仪器之间放置了一块石蜡，想看看石蜡能否吸收此射线，谁知却发现了更强烈的辐射，检验结果竟是质子！

按照科学发现的逻辑，到这一步就是已接近新发现的门槛了，要不歇气地乘胜追击，切不可犹豫徘徊、墨守成规。但这小两口儿毕竟经验不足，缺乏居里夫人的敏感性。他们仍沿续博恩和贝格的陈旧思路进行分析，认为那种强辐射就是伽马射线，就这样，一项新的重大发现从他们的指缝中和眼皮子底下悄悄溜走了，着实可惜！

查德威克则截然不同。由于有卢瑟福的理论作指导，他头脑十分清醒。他仔细研究了约里奥—居里夫妇的实

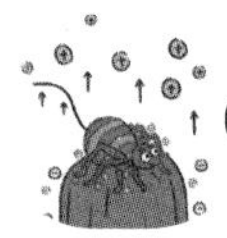

验，并用卡文迪什实验室的最先进仪器拍摄了整个过程的云雾室照片。这天，查德威克坐在圈椅里，一边吸烟一边盯着那张照片出神。这是一张很奇怪的照片，像一个人有头有脚却没有身子，中间空着一大截儿。

为什么这样讲？这张照片上有两个碰撞的踪迹，一个是镭射线粒子碰撞铍原子核，另一个是石蜡中的质子被碰撞而出，可是这质子是被什么射线碰撞而出的？此射线又来自何处？从照片上却看不出来，镭射线粒子碰撞铍原子核产生的那种奇怪的辐射在照片上也无任何痕迹。查德威克用红笔在两次碰撞之间的空白处画了一条虚线，写上了三个字：隐身人。写罢，他豁然大笑起来。

你是否读过英国科幻小说《隐身人》？这是著名作家威尔斯脍炙人口之作，书中的隐身人神通广大，来无踪去无影，警方深受其苦；后来，还是雪地的脚印将其暴露，他才被人捕获。

查德威克从一开始就怀疑这射线极可能是中子，因为只有不带电的粒子才不会在云雾室留下痕迹，才有当“隐身人”的资格，但是要确证它的身份，还应做大量细致的工作，不可贸然妄断。

事不宜迟，查德威克沿此思路大干起来。他用此射线照射各种轻重不同的物质，发现密度越小的物质对射线吸收得越厉害，这与伽马射线的性质恰恰相反，从而否定了前人的看法。

他又用此射线轰击氢原子，发现氢原子核反弹，证明此射线具有质量，是一种粒子流。接着，他又精确测量了反冲核的动量，利用动量守恒定律和能量守恒定律算出了新粒子的质量，并发现它和质子的质量相等。

至此，“隐身人”的面目暴露无遗。

1932 年 2 月，查德威克在给物理杂志编辑部的信中说道：“很显然，来自铍的奇怪辐射并不是传说的伽马射线，它是由质量和质子相等但不带电荷的粒子组成的。实际上，它就是我们寻找已久的、构成原子核的成分之一——中子。”

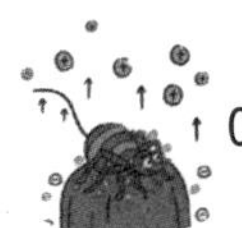

然而，中子的发现却引起了科学家的忧虑。

这一天，玻尔研究所召开学术研讨会，讨论发现中子的意义。这一天，大家济济一堂、人声鼎沸，各大学都派来了代表，连窗台上也坐上了人。玻尔大声喊道："最近传来了好消息，英国的查德威克发现了中子，震惊了世界，人们议论纷纷。今日请大家各抒己见，辩论一番，如何？"

大家一起鼓掌。这时，一位英俊青年首先健步走上讲台，立刻引起了学生们的一阵骚动：啊，是海森堡！

海森堡 1901 年出生于德国维茨堡，22 岁时就成为教授，是哥廷根大学的"明星"之一，曾提出著名的"测不准原理"，并建立了"矩阵力学"，乃原子物理大师，为人们所景仰。

海森堡登上讲台站定，侃侃而谈："我认为，到中子发现为止，人们对原子的认识可以告一段落了。原子是什么样儿的？它有一个微小而致密的原子核和一大群电子。而原子核中有两种成分：一是质子，一是中子，除此以外，别无他物。"

这时，有一大学生喊道："且慢！中子不带电，质子是带正电的，它们肯定要彼此排斥，根本就无法结合在一起。对此，您如何解释？"海森堡一时语塞，过了一会儿，他说："这使我们想到，自然界可能还存在着另一种力，此力比电磁力强大千倍，比万有引力更强大，以致到了不可思议的程度，我们不妨称它为核力吧！”

学生们聒噪起来，硬要海森堡把核力的本质讲个明白。可这神秘的核力，当时科学家们亦在探索之中，海森堡又怎能说得清楚？

正吵间，忽闻一声长叹道：“这该死的中子，真是生不逢时呀！”大家听此言不凡，顿时安静下来。

只见一老者扶杖慢慢离座站起，满怀忧虑地说道：“女士们，先生们！我是学历史的，对原子物理一窍不通，本不该多嘴，但我有一密友，名叫西拉德，是匈牙利物理学家。他最近对我说，目前世界上最危险的敌人有两个：一是希特勒，一是中子，并说这中子很可能就是人们寻找已久的开启原子能库的钥匙。诸位试想，希特勒正耀武扬威、高举屠刀、杀气腾腾地扩军备战，如再掌握这把钥匙，会出现何等严重的后果啊！”

此言一出，恰如闷雷轰顶，全场顿时哑然无声。

那老者稍顿片刻，又说：“约里奥—居里夫妇在瑞典领取诺贝尔物理学奖时曾警告说，那些创造和破坏元素的科学家，也能实现爆炸性的核反应。核反应的能量有可能是骇人听闻的！我想从历史责任的角度提醒诸位，注意这一点。依敝人一孔之见，最好是封锁消息，暂不公布研究成果，以免这些成果被坏人攫取酿造巨祸。”

海森堡立即反驳道："这断乎使不得！探索原子奥秘乃科学家之天职，正宜乘胜追击，怎可就此止步？自由讨论，出版论著更是促进繁荣之阶梯，何言废止？至于灾祸之说，不过是猜测而已，不必过分忧虑。"

玻尔听到这里，心里也七上八下地翻腾起来。

说起纳粹的残忍，老学者的话不能说没有道理，是要多留点儿神。但想到千百年来，人们千辛万苦探求原子之秘密，本意为造福人类，好不容易来到"大门"前，却又不敢入内，心中也不是滋味。反复思忖，他竟呆呆愣住了。

原子核像一滴水

第一个把原子分裂成两半的科学家是意大利科学家费米，但他自己却浑然不觉。

恩里哥·费米 1901 年出生于罗马，毕业于比萨大学，21 岁获物理学博士学位，1927 年就任罗马大学理论物理学教授。此时，费米已发表约 30 篇论文，并在德国哥廷根从师过著名学者波恩。他提出的“费米统计”在 1927 年的国际物理学家会议上引起轰动，这使他名气大增。

四年前，费米结识了一位名叫劳拉·卡屏的姑娘。劳拉·卡屏是意大利海军的一位犹太族将军之女，秉性聪慧，容貌美丽，热爱科学。两人一见如故，经长期了解，爱慕愈深，遂于 1928 年 7 月举行婚礼。

婚礼那天傍晚，新房张灯结彩、喜气洋洋。按西方风俗，婚礼应先到教堂举行仪式。但费米信奉天主教，劳拉信奉犹太教，信仰略有不同，加之双方都未受过严格的宗教训练，所以一切从简，只在家中邀请了几位亲朋聚聚，吃顿便饭了事。

新娘早就来到，女友为新娘梳妆起来，和新娘嬉笑打趣。来宾也陆续到齐，可新郎却一等不来二等不到，不知何故。

大家正着急时，却见有一黑影从远处走来。一位朋友眼尖，看出正是费米，忙迎上前去，拉他到墙角，问道："你怎么才来？新娘都生气了！"费米笑道："你不晓得。今日是我的大喜之日，穿戴自然要讲究一些。可我找来找去找不到满意的衣服。新衬衫衣袖太长，外套衣袖又太短。只好用剪刀取长补短，来个算术平均。折腾半天，刚刚缝好。你看还说得过去吧！"

那人略一打量，便跺脚道："你简直是胡闹！这样子还能当新郎？"他一边说，一边忍不住大笑起来。

费米却不介意，还想朝前走。那人又问："鲜花呢？献给新娘的鲜花呢？"费米敲了一下脑壳，恍然道："哎呀，我把这事忘了！怎么办？"

那朋友摇头叹道："你呀，搞起研究一丝不苟，在实验室工作从不出错，大家称你为'教皇'，可今日却像个不懂事的孩子，真拿你没办法！"于是，他拉费米到自己家中换了衣服，又打发人到附近的花店买来鲜花，虽然时间晚了些，但总算没有在众人面前出丑。

费米醉心科学，一切从科学着眼。据说，有一年冬天他要在家中装挡风窗户，按惯例买两扇现成的即可，但费米非要先进行一番理论计算。从冷风速度到对流换热，他足足算了几大张纸。但是，按费米的方案制好挡风窗户装上后仍冷风飕飕。劳拉冻得要命，便质询起“教皇”来。费米又重算了一遍，竟大笑起来：“对不起，我点错了一位小数点！”这件事一时被传为笑谈。

费米用最近发现的中子代替传统的镭射线，作为轰击原子核的“炮弹”，取得了很多成果。这一天，大家正准备按原计划用中子轰击下一种元素，费米突然命令道：今日轰击最重的元素——铀！

他为什么要轰击铀？

费米按以往的经验想到，被中子轰击的元素一般都变成原子序数相近的另一元素。当时已知的元素中，铀的原子序数最高，是92，如果轰击它，说不定会制造出新的超铀元素。这样，岂不是可将元素周期表向前延伸一下？

正是这一念头，使他决定提前对铀开炮，但得到的实验结果却令人迷惑不解。

根据测得的半衰期判断，获得的放射性元素似乎不是一种，而是好几种。难道一下子就能造出好几种超铀元素？费米想弄个明白，但因数量太微、分离困难，仪器和经验都不允许他们再作更深入的研究。无奈，费米只得将此事搁置，又回头轰击其他元素去了。

然而，此消息不翼而飞，报纸、杂志争相报道，添醋加油，弄得满城风雨。《纽约时报》还以“意大利人通过轰击铀制成93号元素”为题发表长文，似煞有其事一般。

消息传到德国，引起了凯撒·威廉研究所的一个小组的极大兴趣。

此小组有两个负责人，一个名叫奥托·哈恩，另一个名叫丽丝·梅特涅。哈恩在攻读博士学位时，曾去加拿大的蒙特利尔拜卢瑟福为师，擅长分析微量的放射性物质，乃世界公认的放射性化学权威之一。梅特涅小姐本是奥地利人，有一次来德国访问，遇到哈恩，二人志同道合，竟成至交。梅特涅对哈恩的工作极感兴趣，决定留下来，共同探索未知之谜。

两人经过认真研究，后来梅特涅的侄子弗利士也参加进来，认为费米用中子轰击铀，没有产生超铀元素，而是产生了一个更有意义的结果：把铀原子核分成了两半儿。

根据这一学说，铀原子核就像一滴水，核子的约束力就像表面张力一样，使“水滴”维持球形。当一个中子进入铀原子核这个“水滴”内时，其能量并不是只传给其中的一个质子或中子将其逐出核外，而是均匀地传给所有核内质点。这样，这滴“水”就在能量的激发下左右摇摆起来，形状变化不定。如果恰巧变成两头粗中间细的哑铃形，两头的正电斥力就足以使此“水滴”一分为二。

梅特涅根据爱因斯坦的质能关系式，算出了“裂变”时的质量亏损和放出的能量，结果让人目瞪口呆：每一个铀原子核分裂时将放出 2 亿电子伏特的惊人能量！

按这个数字推算，1 千克铀放出的能量相当于 2500 吨煤燃烧时放出的热量，而如果让这些能量在一瞬间放出，岂不是一枚绝顶厉害的大炸弹！

弗利士已完全认识到这一发现可能引起的严重后果。

鉴于当前险恶的政治形势，他完全同意其姑母梅特涅的意见，即不应该把裂变的消息保密起来，而应公之于世，让世人有所警惕。可是首先要告诉谁呢？当时卢瑟福已去世一年，健在的最有威望的原子物理学家的领袖就是丹麦的玻尔了。他们决定立即通知玻尔。

当这姑侄俩急忙赶到哥本哈根时，正好和提着皮箱准备出门讲学的玻尔撞了个满怀。

原来玻尔应爱因斯坦的邀请，要动身去美国。玻尔聚精会神地倾听了二人的叙述后，惊讶得半晌说不出话来。他拍拍脑袋，叫起来：“这是件了不起的大事啊，

我们为什么没有及早想到这一点呢？但这巨大的能量只是理论预计，尚不可过早下结论，要尽快用实验测定。你们赶快准备实验吧。”

三人正谈得起劲，忽听外边响起了尖锐的汽笛声。

玻尔失声大叫：“糟了，赶不上船了！”说着，他便提起皮箱跑了出去。

就在玻尔横渡大洋之时，梅特涅和弗利士完成了玻尔临走时建议的实验，证明他们关于原子核裂变的理论估计完全正确。

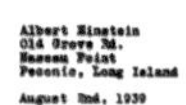

Albert Einstein
Old Grove Rd.
Nassau Point
Peconic, Long Island

August 2nd, 1939

F.D. Roosevelt,
President of the United States,
White House
Washington, D.C.

Sir:

Some recent work by E.Fermi and L. Szilard, which has been communicated to me in manuscript, leads me to expect that the element uranium may be turned into a new and important source of energy in the immediate future. Certain aspects of the situation which has arisen seem to call for watchfulness and, if necessary, quick action on the part of the Administration. I believe therefore that it is my duty to bring to your attention the following facts and recommendations:

In the course of the last four months it has been made probable - through the work of Joliot in France as well as Fermi and Szilard in America - that it may become possible to set up a nuclear chain reaction in a large mass of uranium,by which vast amounts of power and large quantities of new radium-like elements would be generated. Now it appears almost certain that this could be achieved in the immediate future.

This new phenomenon would also lead to the construction of bombs, and it is conceivable - though much less certain - that extremely powerful bombs of a new type may thus be constructed. A single bomb of this type, carried by boat and exploded in a port, might very well destroy the whole port together with some of the surrounding territory. However, such bombs might very well prove to be too heavy for transportation by air.

-2-

The United States has only very poor ores of uranium in moderate quantities. There is some good ore in Canada and the former Czechoslovakia, while the most important source of uranium is Belgian Congo.

In view of this situation you may think it desirable to have some permanent contact maintained between the Administration and the group of physicists working on chain reactions in America. One possible way of achieving this might be for you to entrust with this task a person who has your confidence and who could perhaps serve in an inofficial capacity. His task might comprise the following:

a) to approach Government Departments, keep them informed of the further development, and put forward recommendations for Government action, giving particular attention to the problem of securing a supply of uranium ore for the United States;

b) to speed up the experimental work,which is at present being carried on within the limits of the budgets of University laboratories, by providing funds, if such funds be required, through his contacts with private persons who are willing to make contributions for this cause, and perhaps also by obtaining the co-operation of industrial laboratories which have the necessary equipment.

I understand that Germany has actually stopped the sale of uranium from the Czechoslovakian mines which she has taken over. That she should have taken such early action might perhaps be understood on the ground that the son of the German Under-Secretary of State, von Weizsäcker, is attached to the Kaiser-Wilhelm-Institut in Berlin where some of the American work on uranium is now being repeated.

Yours very truly,

(Albert Einstein)

一封关键的信

玻尔来到美国，立刻将铀原子核裂变的消息告诉了爱因斯坦。几日后，即1939年1月26日，玻尔又在华盛顿举行的科学家会议上宣布了这一发现。消息一出，恰如落下重磅炸弹，会场顿时乱作一团。许多人奔向邮局，向家里报告。有的人的实验室远隔千里，他们使用长途电话或电报联系，并叮嘱赶紧重复费米和哈恩的实验，看“裂变”现象是否属实。

在听玻尔演讲的人中，有一个人行动特别迅速，他就是匈牙利的科学家西拉德。

西拉德于1898年出生，青年时代饱受政治动荡之苦，大学一年级时就被奥匈帝国征去当兵。他复员时正值匈

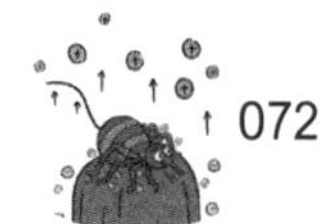

牙利内战连绵，国内无处立足，遂出走欧美等国。

西拉德有一非凡才能，即善于预测未来。1933 年 10 月，中子刚刚被发现，西拉德就提出了链式反应理论，把中子称为开启原子能库之钥匙。西拉德还分析了一旦此库被开启，必为政治家和军人攫取之。为此，他曾号召科学家进行“自我检查”，暂停公布成果，但几乎遭到所有人的拒绝。

正当西拉德忧心如焚时，从德国传来更可怕的消息。

1939 年 4 月 30 日，德国政府召集了一次原子科学家会议，据说讨论了“铀装置”的设计。什么是“铀装置”，难道不是原子弹的化名？看来纳粹已经先下手了！

他知道自己人微言轻，决心动员爱因斯坦采取行动。

这天爱因斯坦正在纽约的长岛休假，忽知西拉德要来访。

爱因斯坦对铀的研究本来极为关注，听西拉德将利害关系一说，又联想到希特勒的暴政，怎不深有同感？他当即表示愿尽力协助。

西拉德和其朋友维格纳，起草了两封给美国总统的信：一封详述备尽，另一封则简明扼要。爱因斯坦选中了那封长信，签署了自己的名字，并注上日期：1939 年 8 月 2 日。

信的开头写道："由于约里奥在法国以及费米和西拉德在美国的最新研究，使我预感到，铀元素在最近的将来可能会变成一种新的重要能源，并有可能在大量的铀中产生链式核反应，从而产生巨大的动力……"

信的下面，罗列了德国人的一系列可疑行动后推测说："尽管还不能十分肯定，但不能排除德国人利用这一新的科学发现制造巨型炸弹的可能性……"信的结尾写道："是的，无论如何，这是人类历史上第一次利用非来自太阳的能量。"

为了稳妥慎重，他们决定请总统顾问萨克斯先生在方便的时候直接将此信面呈罗斯福总统。当年 9 月 1 日，第二次世界大战爆发。德国军队长驱直入，闪电般地占

领了波兰、挪威、丹麦、荷兰、比利时和法国，气焰十分嚣张，举世震惊。

10月11日，罗斯福总统召见了萨克斯。萨克斯向总统反复强调爱因斯坦来信的意义，并介绍了这封信的概要。

可是，总统并不感兴趣。他笑道："又是新式武器！前几天还有人寄来一个死光发生器呢？我叫人在牲畜身上先试了一下，你猜怎么样，它活得好好的！"

萨克斯严肃地说："这可不是一码事！"

罗斯福也收敛起笑容，说道："我很尊重这位伟大的科学家，他的建议也许是有趣的，但政府现阶段干预，恐为时过早！"萨克斯有些不快，罗斯福也觉察到了这一点，想了一会儿，便改口道："这样吧，明晨我们共进早餐，到那时再谈此事，好吗？"

萨克斯整夜没有合眼，多次跑到附近公园的长椅上沉思，考虑打动总统的词句。次日，萨克斯赶到白宫时，正碰到罗斯福坐在圈椅里等他共进早餐。总统笑道："您有了什么新想法？"

萨克斯立即答道："我想在讲正题之前，先讲一个历史故事。在拿破仑战争时代，一位年轻的发明家福尔顿来到他面前，建议成立一支由蒸汽机舰艇组成的舰队。有了它，拿破仑便可以在任何气候下横渡英吉利海峡打到英国去。但是，拿破仑——这位骄横不可一世的科西嘉人不相信，反而说，船没有帆还能航行吗？简直胡扯！一怒之下他将福尔顿赶出宫廷。英国历史学家阿克顿爵士认为，正是由于敌人缺乏见识，才使英国免于亡国之灾难……”罗斯福听到这里，突然停止进餐，沉默了起来。

稍顿，他写了一张便条，交给身边的仆人。少顷，仆人拿来了拿破仑时代的法国葡萄酒，给罗斯福和萨克斯各斟上一杯。罗斯福坚定地说道：“我不会重复拿破仑的错误！”说罢，他举杯一饮而尽，又喊道：“帕阿！”（帕阿乃总统一名随身将军的绰号。）帕阿应声而至。罗斯

福指着爱因斯坦那封信，命令道："对此事要立即采取行动！"

当时正值战争期间，雷达、潜艇、飞机、大炮等都急需资金，而原子弹当时还只是某些科学家的设想，能否成功并无十分把握，故美国总统此决定被人称为"疯狂的赌博"。

这项秘密工程的代号叫"曼哈顿工程"，总负责人是格罗夫斯将军，负责制造原子弹的技术负责人是科学家奥本海默。

这项工程的投资越来越多，最后总经费已超过20亿美元，动用了15万熟练的技术工人及数百名科学家。当花费超过1亿时，参谋总长曾对罗斯福说："我很害怕将来国会对此秘密计划进行调查。"罗斯福却毫无反悔之意，他说："倘若成功，则用不着调查；倘若失败，也不会给他们时间来调查了。"由此可见罗斯福的决心之大。

水手“登上了”新大陆

1941年12月7日，日本飞机突然偷袭了美国在远东的最大军事基地——珍珠港，炸死美军3300多名，击毁军用飞机188架，太平洋舰队几乎全军覆没。消息传来，美国朝野大惊，当即向日本宣战。德国和意大利本与日本结盟，马上向美国宣战；美国又向德国、意大利宣战，战争愈演愈烈。

在这种形势下，罗斯福决定加快研制原子弹的计划，任命著名物理学家、诺贝尔物理学奖获得者康普顿全面负责链式反应的研究工作。

康普顿乃芝加哥大学教授，接到总统的任命后立即行动，在芝加哥大学成立了伪装代号为“冶金实验室”

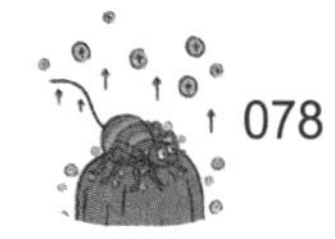

的秘密研究所，并大量招募有才能的科学家入伙。费米和西拉德不久也接到通知，要求他们连同铀块、中子源、测试仪器等一股脑儿搬到芝加哥去，费米等不敢怠慢。由于“冶金实验室”实力雄厚，工作进展神速，很快便把对人类具有深远意义的一次重要实验准备就绪。这次实验的任务是要证明：铀的裂变能否真的释放出可观的核能。

这一天，费米戴着口罩和手套，率领一伙人来到宽敞的室内网球场。这里已被选作实验场地。球场上摆着三种材料。有两种似砖块一样的东西：一是铀块，一是石墨块。石墨是何物？它俗称炭素，能用来制造铅笔芯，颜色黑不溜秋，十分难看，也是很好的减速剂，能用来减慢中子的速度，但又不像氢原子那样能大量吸收中子，很受科学家青睐。当然，还有一种叫作重水的材料亦是很好的减速剂，可价格高昂、难以制备，只得作罢。

球场上摆着的第三种材料是压成球状的氧化铀，这是为补充纯铀的不足而准备的。费米把人员分成两班，自己亲自带领一班人大干起来。

这工作很别致，像是泥瓦匠铺砌地面，又像是修城堡：先在最底下铺一层石墨块，再铺一层石墨块和铀块，在石墨块预留的空洞里则放上氧化铀小球；然后循环铺砌上去，第三层又是石墨块，第四层又是混合块……

为了这次实验，费米准备了14000多磅纯铀，据费米计算，铀块和石墨块要一直砌到屋顶才能发生链式反应。这活儿又脏又累，石墨块要进行切削，才能恰好砌进去，所以网球场内到处机器轰鸣、黑粉乱飞，弄得地板又黑又滑，一天干下来，每个人都变成了“黑鬼”，只剩牙齿和眼角处尚有一点儿白色，很是“狰狞可怕”。

因这实验装置本是堆砌而成的，所以索性就称之为“堆”。近代大家耳熟能详的所谓“核反应堆”，盖起源于此。

1942年12月2日清晨，冷风刺骨，寒气逼人，校园里的树木都在严寒中战栗。费米带领20人紧张地向网球场大厅走去。他们今天要进行第一次正式实验，成败在此一举。

费米心中不禁想起玻尔在华盛顿作的那次著名演讲，到现在已经很长时间了。时间过得真快呀！原子能真的会被导出吗？铀堆会不会发生爆炸？作为世界第一座铀堆的设计者，费米顿感责任重大。想到未来，他更是心乱如麻。看到周围一双双不安的眼睛，费米只好佯作镇静，从口袋中掏出计算尺，专心计算起来。

突然，费米大叫起来：“快，你们三个，立刻爬到铀堆上去！”

话说费米看到世界上第一座反应堆建成，心中十分

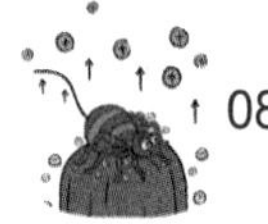

激动。他站在高高的、摆满仪器的控制台上，俯瞰全场，心潮澎湃，感触万千。

可是，他担心的就是发生意外爆炸。上面说过，这链式反应的特点是发展迅速，一旦失去控制，刹那间便会大祸临头，在场操作人员显然绝无生还之理，整个大学也必深受其害，后果不堪设想。

费米深知安全的重要性，故在反应堆中插入了三根用金属镉制成的大棒。因镉能吸收大量中子，可起"消防队"之功效。这三根镉棒中，一根由马达驱动，在控制台上即可操纵；另一根可用手推进拔出；还有一根则系在悬挂重物的绳子上，有一个"刀斧手"手执一柄利斧站在旁边，如有意外情况立即砍断绳子，让镉棒滑入堆中。

为防万一，费米还准备了最后一手，让三个小伙子爬到堆顶看住一个大阀门，一旦需要可立即开启，将有大量镉盐溶液从管道中流出，淹没整座反应堆。

当日上午十点一刻，有关人员各就各位。费米启动马达，将自动控制的镉棒抽出。那根应急镉棒也已被抽出，拴在绳子上。最后一根镉棒很长，在堆中的长度约为 4 米。按计算，除非把大部分镉棒抽出，否则不可能发生链式反应。

费米劝告大家不要紧张。接着，他转动着灰色的眼睛，环顾了一下四周，自信地说："好，乔治，动手吧！抽出一英尺（1 英尺 = 0.3048 米）！"这时，所有指示

仪表一齐动作起来。记录中子数目的“咔嗒”“咔嗒”声节奏逐渐加快，指示灯忽明忽灭，指示着镉棒的位置。自动记录仪的笔尖向上移动，表明产生的中子正在不断增长。

突然，“咔嗒”声加快，那记录纸上已画出了一条弧线，陡直向上升去。有人喊了一声“不妙”，那“刀斧手”立刻举起斧头，却听费米大喊一声：“且慢动手！”说罢，他迅速拉着计算尺，不久便松口气道：“不，这不是链式反应，中子数还差得远呢！”大家受此虚惊，有些难为情地相视一笑，擦擦额上沁出的冷汗，又观测仪表去了。

1 英尺、1 英尺、6 英寸（1 英寸 = 2.54 厘米）……在费米的命令下，镉棒不断地被向外抽。从仪表上可以看出，中子数目在不断增加，链式反应越来越临近了！

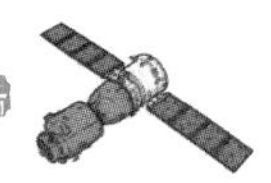

人们的神经紧张得像拉开的弓弦一样越绷越紧，没有一个人讲话，整个大厅安静异常。频繁的"咔嗒"声似剧场开戏以前的紧锣密鼓，催促着"演员"登场。

大家的眼睛都盯着仪表，生怕错过信号。中午已过，可谁也不想吃饭。越到关键时刻越要谨慎从事。费米此时反而心情平静，酷似战场上的"司令官"，毫无惧色，调兵遣将，运筹帷幄。他那把计算尺恰似"参谋长"，告诉"司令官"反应堆中发生的变化，使费米能根据仪表的读数作出恰当的判断。

就在这紧急关头，大厅中突然响起了一阵轰隆隆的惊人声响。莫非发生了意外？反应堆即将爆炸？此念头一闪，大家都惊呆了。费米也从座位上跳起来。但响声顷刻止息，再看仪表时，中子数已降回零点，一切平安无事。再看那"刀斧手"，却两眼盯着被砍断的绳头发呆。

原来此人过分紧张，以致看错了信号。刚才那响声正是粗重的镉棒滑入堆中引起的。大家受此惊吓，纷纷口吐怨言，费米却笑道："不必怪他。刚才我们的神经都太紧张了，难免出错。这样吧，我们都回去吃饭，平静一下，下午再干。"

1942 年 12 月 2 日下午 3 时 35 分，费米的反应堆正式发生了铀核裂变的链式反应，科学家们的预言终于实现了！

虽然这个反应堆发出的功率只有200瓦，充其量不过点燃几个灯泡，但意义十分重大。此事实雄辩地证明，潜藏在原子核中的惊人能量是可以被人类征服和利用的！费米考虑到该反应堆没有冷却装置，只让链式反应持续了28分钟就下令插棒关堆。

人们簇拥着费米，向他祝贺。有人弄来了一瓶意大利酒和几个纸杯，大家举杯互相祝贺，并轮流在那装酒瓶的硬纸护壳上签名留念。据说，这护壳被在场的一位青年物理学家保存至今，已成为珍贵的历史文物。

康普顿教授当天晚上便将此事报告给美国政府的科学代表科南特。考虑到保密，康普顿使用了一种隐语，把费米称为“意大利水手”。在长途电话中，康普顿兴奋地说道:“伙计，那‘意大利水手’已经登上新大陆了！”科南特兴奋地反问道：“当地人态度如何？”康普顿说：“极为友善。每个人都感到十分愉快……”

诸位可知，费米反应堆乃受控核反应之先驱。若干年后，人们在此网球场入口处挂上了一块精致的金属匾额，上面刻着两行大字：人类在这里实现了第一次链式反应，从而开辟了在受控条件下释放原子能的道路。

原子弹横空出世

1945年4月20日，美国总统罗斯福突然逝世，由杜鲁门接任总统。

1945年7月12日，一列神秘的车队沿着秘密公路从洛斯·阿拉莫斯地区开出，直奔300千米以外的阿拉默果尔多沙漠。7月15日夜，又一列车队开出，前面3辆是小汽车，坐着研究所和军队的高级官员；后面3辆是伪装过的大客车，上面满载着科学家，其中有费米、查德威克、劳伦斯和弗利士等。他们一个个身穿防护衣，脸涂防晒油，神情激动不安。最后，还有一辆装满无线电设备的通信车。

经过四小时的行军，他们来到沙漠地带。奥本海默迎上来，与大家一一握手后，便带大家来到一个用打洞机挖掘的浅坑旁，嘱咐道："当警报声一响，大家要在坑内卧倒，脸和眼睛朝着地面，脚朝着那座钢塔。"大家这才注意到，约10千米以外隐约有一座被灯光照亮的铁架矗立在朦胧夜色中。

此刻，第一颗原子弹已被安置在高30多米的钢塔顶端，连接它的若干电缆线一直通到几千米以外的用厚水泥墙筑成的掩蔽所内。塔脚有许多大灯照得四周通亮，并有五名持枪士兵守卫。

科学家们此刻的心情可用八个字来概括：又惊又喜，又怕又愁。惊喜的是四年奋斗终获结果，人类终于要从小小的原子中导出巨大的能量，显示了科学的威力和人类的智慧；恐惧和忧虑的是，此时此刻，他们已无权支配自己的研究成果，它很可能成为狰狞的恶魔横行于世，给人类带来巨祸。

科学家们意识到，盛着恶魔和灾难的“潘多拉盒子”一旦打开，就无法再装回去了。（“潘多拉盒子”的典故来自希腊神话。希腊之神普罗米修斯偷了天火将其送往人间，天神之王派潘多拉前往报复。她取得信任后就把宙斯交给她的盒子打开。于是，疾病、罪恶、阴谋……飞往人间。后人常用“潘多拉盒子”比喻祸害的根源。）

这时候，乌云密布，雷声隆隆，不一会儿，风雨大作。前几天，奥本海默和格罗夫斯进行模拟原子弹试验时，放在塔顶的普通炸药就因发生雷击而爆炸。他俩不由得担心起来，雨水会不会造成电气短路？雷电会不会引爆炸药？两人急得搓手跺脚，但也无计可施。

16日5时25分，风雨乍停，天色仍然十分阴暗。

突然，尖利的警报声响了起来。同时，高音喇叭中也传出男声粗犷的倒计时声音，担任警卫的全部士兵迅速乘吉普车撤离现场。大家静伏在潮湿黑暗的沙坑中，等待着令人战栗和恐惧的时刻到来。

奥本海默作为“原子弹之父”，深知自己的身家性命全系于此。他紧张得几乎不能自持，双手抱住掩蔽所内的一根木柱，脸色苍白。这时，喇叭中喊出了最后几个数：……五、四、三、二、一，起爆！

说时迟，那时快，随着一支绿色信号火箭发着“嗞嗞”的声响冲上天空，眼前的世界一刹那爆出一片灼目的光亮，一个巨大的流动彩色火球像太阳一样从地面升起，将沙漠、山谷和沟地照得一清二楚。火球冉冉升起，形状变幻，气流奔涌，转眼间变成一朵蘑菇形状的云，直冲万米高空，矗立于天地之间。

30秒后，暴风般的冲击波开始向人群猛扫过来，接着响起了天崩地裂的隆隆雷鸣，人们被惊得目瞪口呆。

费米却十分镇定，并想出了一个快速测定爆炸威力的方法。他把事先准备好的小纸片迎着暴风撒去，又急忙用皮尺测量纸片落地的位置，然后仰头高呼：“成功了！相当于2万吨TNT炸药，2万吨呀！”待爆炸过后人们前去爆炸点观看时，发现那钢塔已化为蒸汽消失了，留下的深坑直径约1000米，坑边的沙砾已熔化成浅蓝色的玻璃了。

离此200千米外有一个村庄。村民半夜见到西北方出现一道奇怪的闪光，十几秒后便消失不见了。他们打电话把此事告诉了新墨西哥州美联社分社。值班编辑知道此事事关国家核心机密，不便解释，便支吾搪塞了过去。

谁知询问电话接连不断，有些小报记者竟威胁说，如果再不明确答复，将自行向全世界报道此怪事。这位编辑见事情紧急，立即找来曼哈顿工程驻美联社代表商量对策。那代表胸有成竹，不慌不忙地掏出一张纸来，笑道："我们早准备好了，这是新闻稿。你可照此内容发布。"

次日清晨，美联社便按照此代表的指示播放了一条伪造的新闻："阿拉默果尔多空军留守基地司令部声明，关于今晨的爆炸，已接到多次询问。事实是，一座巨大的弹药库发生了爆炸，未发生伤亡。由于仓内有毒气弹，陆军认为有必要迁移某些地区的居民。"

美国"曼哈顿工程"制造的原子弹，第一批只有三颗，其中一颗用于沙漠中的试验，另外两颗在二战后期，投到了日本的广岛和长崎，加速了日本的投降，也造成了大量平民的伤亡和后续的灾难。

造福于民的“普罗米修斯”

却说1955年夏天，日内瓦湖碧波荡漾，环湖山峦叠翠，花木繁茂，景色十分迷人。正是：水光潋滟晴方好，山色空蒙雨亦奇。

湖畔一座大厦内，正召开第一届和平利用原子能国际会议。与会代表共有1400多名，来自73个国家。他们决心冲破阻力，让原子能为人类服务。许多科学家聚集于此。因为战争的原因，他们中许多人多年未通音信，不知生死，今日故友重逢，他们格外喜悦，追昔抚今，自然感慨万分。

玻尔坐在主席台上。在当时在世的原子大师中，他是最伟大的一位了。人们从他的脸上已经看不到往日那和蔼的笑容。他的表情十分严肃，背部有些微驼，身躯前倾，他的双肩似乎支持不了那个发达的脑袋。

发现裂变的哈恩也来了，广岛、长崎之劫深深震撼了他的心灵，至今他仍精神呆滞，稀疏的白发披散在脸旁，眼神困惑不安。

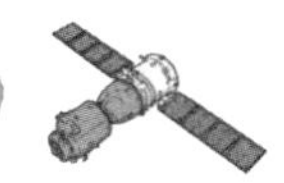

会议通过了向各国政府和世界人民的呼吁书，要求立即消除冷战，销毁核武器，将原子能用于和平事业。这一呼吁立刻引起广泛而热烈的响应，电报和函件如潮水般向大会涌来。

这一天，会场大厅挂上了黑窗帘，苏联科学家为代表们放映彩色电影，介绍世界上第一座原子能发电站建造和发电的情形。

此发电站建于1954年6月，可生产5000千瓦电能。它使用的核燃料是经过一定浓缩的铀。铀被制成长棒形或空心管形，共有128根；使用时插进堆内，用毕拔出，还可随时更换。与芝加哥的铀块石墨块混合堆砌法相比更胜一筹。

1956年，世界上第二座核电站在英国的卡德霍尔建成。揭幕式上，英国女王伊丽莎白在首相陪同下亲临现场，按动开关，纪念这一历史性时刻。此电站的功率比苏联那座大10倍。

美国在1958年5月才建成第一座核电站，功率为6000千瓦；1960年8月，又运转了另一座功率为18万千瓦的核电站。艾森豪威尔总统也仿效英国女王，亲自“开堆”。但他未去现场，只在白宫发出了一个电讯号。

美国采用的是“沸水反应堆”，即用便宜的普通水代替石墨或重水作中子慢化剂；用直径60多米的空心钢球把整个反应堆包在里面，水被裂变释放的能量加热到沸腾，可直接产生蒸气驱动汽轮机发电。这里，水是慢化剂，又是做功介质，可谓一举两得！

1964年10月16日，中国在西部地区爆炸了第一颗原子弹，成功进行了第一次核试验。1967年6月17日，我国第一颗氢弹爆炸成功。消息传遍五大洲，举世震惊。

在和平利用核能方面，中国也有了长足的进步。我国第一座自行设计建造的核电站——秦山核电站，于1991年正式并网发电。该核电站位于浙江省嘉兴市海盐县杭州湾口岸，第一期工程发电能力为30万千瓦，从而结束了我国没有核电的历史。截至2023年，中国核电站已有55座。

今日之世界，能源十分紧张。据估计，地下的石油

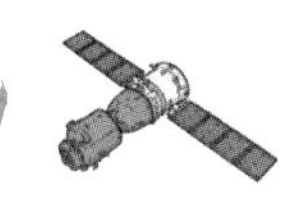

和煤储量再有几百年将被挖掘开采殆尽，甚至有人说只够用 100 年左右，故发展核能已成当务之急。

且说日内瓦会议这天正讨论"钴炮治癌"问题，忽然一位名叫利比的科学家走上讲台，摆出许多像垃圾一般的古董，有烂麻绳、烂草鞋，还有一堆七长八短的兽骨、鱼刺。

利比对代表们笑道："这烂草鞋是在北美山脉一侧一个古代避难所找到的。在那个被砂石埋没的山洞里，共发现了 300 双草鞋，但无人能够判断它们是哪个年代的人编制的。最后，历史学家找我帮忙。借助放射性碳的帮助，我断言它是 9000 年前的人编制的！我还测出，这条来自秘鲁的烂麻绳年龄是 2000 岁，而这些兽骨，是 10000 年前哺乳动物的残骸……"

代表们深感有趣，都围上前观看。利比说："我称此为'碳年代测定法'。此法的原理很简单，由于外层空间的辐射击中了大气中的氮原子，形成了碳的放射性同位素碳 14，故空气中总含有少量碳 14。它们被植物和动物吸收后，便成为机体的组成部分。所以地球上一切形态的生命中碳 14 的百分比都相同。但当生命死去，就停止摄取碳 14，而原有的碳 14 会逐渐衰变消失，其百分比含量逐年下降。我们只要测出碳 14 的下降量，就可以判断年代了。"

大家听罢，热烈鼓掌。这时，德国科学家范赫维斯跑上台来，喊道：“诸位，请允许我占用几分钟，我忽然想起了一个小故事。”

他说：“那是战争年代，我有一次寄宿在一个富豪的家中。那家伙非常贪婪吝啬，他包了大家的伙食，然而饭菜的质量却很差。我怀疑他把客人们吃剩的肉片搜集起来炒成肉丝端给大家吃，可又抓不住确凿凭证。恰好我随身带着一些放射性同位素。有一次饭后，我就滴了一滴放射性溶液在一片剩肉上。第二天房东端来一盘炒肉丝，我立刻拿出盖革计数器靠过去。你猜怎么着，计数器响声大作！房东被我揭穿了秘密，臊得满脸通红，一溜烟儿跑掉了！”

大家哄堂大笑。玻尔道：“好了，别说笑话了，还是言归正传，讨论同位素在医学上的应用吧！”

一位法国医生走上讲台，演讲起来：“由于在反应堆中可以获得大量的放射性同位素，这为普及核医学创造了有利条件。这方面主要应用途径有两个：一是诊断，二是治疗。把放射性元素作为‘示踪原子’掺入盐水，注入人体，然后用盖革计数器追踪，便能很快查出哪儿血液流得快，哪儿血液流得慢，哪儿发生堵塞，从而查明病症所在。”

他继续说道：“用放射性元素治病的例子很多。我

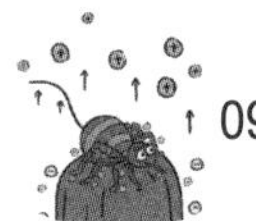

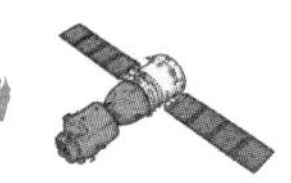

曾接收过一个脑瘤病人，他到处求医无效，开刀也是凶多吉少。我先在他的血液中注射硼溶液，因脑瘤部位吸收硼的速度比大脑的正常部位快，所以脑瘤的硼显著增多。十分钟后，我让病人躺在反应堆旁，并让患者头部正对着反应堆屏蔽的一个小孔，从小孔中射出的中子流便会轰击脑瘤中的硼，硼又发出射线，把脑瘤病变细胞通通杀死。”正说时，却有人担心地喊道：“难道不会伤害正常细胞吗？”那医生笑道：“这种射线的射程很短，到不了大脑的正常部位，故万无一失。经一疗程，病人症状显著减轻；又经几个疗程，病人竟痊愈出院了！”

原子能的和平利用方兴未艾，同位素神功妙用于各个部门，众原子科学家耳闻目睹，十分欣慰，大为振奋，决心继续努力，让核科学远离战争，为世人造福。

放射治疗仪

人类将借原子能之神功，变沙漠为绿洲，化天堑为坦途；将借原子能之伟力，潜入最深的海底开掘宝藏，遨游太阳系外的神秘太空。试想，那是何等美妙的前景！把智慧和技能贡献于此，才真正称得上是造福于民的“普罗米修斯”呢！

王淦昌和诺贝尔奖

中国的原子科学家，对揭示原子的秘密，也有很重要的贡献。

王淦昌，1907 年 5 月出生，江苏常熟人，中国实验原子核物理、宇宙射线及基本粒子物理研究的主要奠基人和开拓者。

他的传奇一生中，曾经三次和诺贝尔奖擦肩而过。

王淦昌 13 岁离开家乡，来到了上海，就读于浦东中学。1924 年高中毕业后进入了外语专修班。仅隔一年时间，他又考入了清华大学物理系。1929 年，王淦昌从清华大学毕业，留在清华大学担任助教。在此期间，他通过自己的努力考取了公费留学的机会，得到机会前往德国柏林大学深造核物理。

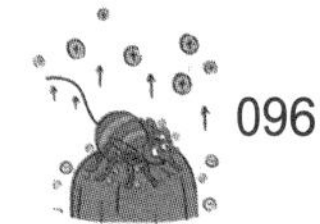

在德国学习期间，王淦昌师从著名原子物理学家梅特涅女士。1930 年，曾发生过一件轰动的事。德国有两个原子物理学家，一个叫博恩，一个叫贝格，在用镭射线轰击铍元素时，盖革计数器突然响声大作，说明这个过程中出现了一种射线。

这种射线是什么呢？是伽马射线，还是一种基本粒子？一时众说纷纭，莫衷一是。当时很多著名科学家倾向于认为是伽马射线。

王淦昌向梅特涅女士建议，用云雾室鉴定一下，就可以判定这种射线的性质。

但是，梅特涅女士没有采纳王淦昌的建议。鉴于当时王淦昌的身份和地位，他也没有坚持自己的看法。

后来，英国科学家查德威克用云雾室鉴定了这种射线的性质，证明它是一种中性粒子，即中子。查德威克因此获得了 1935 年诺贝尔物理学奖。

就这样，王淦昌和诺贝尔奖第一次擦肩而过。

王淦昌回国后，先后在山东大学、浙江大学任教，抗战期间，浙江大学迁往贵州湄潭，教职员的生活都极其困难，但他没有放弃自己热爱的科学研究，没有实验条件，就进行理论思考和探索。王淦昌当时养了几只羊，每天下课后他就在山上一边放羊，一边看书。

他想得最多的，是一种基本粒子——中微子。

1930 年，奥地利物理学家泡利在研究贝塔衰变现象时，提出了存在中微子的假设。

但泡利的中微子假说，并没有实验证明。谁也没有见到过中微子。就连泡利本人也曾说过，中微子是永远测不到的。

1941 年，王淦昌写了一篇题为《关于探测中微子的一个建议》的文章，次年发表在美国的《物理评论》杂志上。1942 年 6 月，该刊发表了美国物理学家艾伦根据王淦昌方案作的实验结果，证实了中微子的存在。艾伦因此获得诺贝尔物理学奖。他在获奖致辞中明确声明，他的实验方案来源于王淦昌先生的论文。

这是王淦昌第二次和诺贝尔奖擦肩而过。

1956 年 9 月，王淦昌作为中国物理学家的代表，带领一批后起之秀前往苏联杜布纳联合原子核研究所从事基本粒子研究，这对我国未来的核事业有着重要影响。

很快，王淦昌就被选为苏联杜布纳联合原子核研究所的副所长，他带领着自己的物理小组首次发现了一个基本粒子——反西格马负超子。

这项发现意义重大，说明任何一个基本粒子，都有它的反粒子。

这项发现引起了当时国际上的一致关注，很多人都感到不可思议，难以想象经历多年战争磨难的中国竟有

如此人才。很多人都看好王淦昌，如果他继续研究下去，那么他绝对可以获得诺贝尔奖。

但不久他就接到了中央的调令，让他回国参加中国核武器的研究。

这显然给了王淦昌一个两难的选择，是继续在苏联搞研究，追求诺贝尔奖的崇高名誉，还是回到祖国，为祖国的核事业付出自己的一生。

王淦昌选择了后者，照他的话来说就是：我是中国科学家，我愿意以身许国。

从此，王淦昌突然从国际物理学界消失了，这让很多专家感到诧异，因为这个原因，在随后的诺贝尔物理学奖提名中，就直接将王淦昌排除了。

就这样，王淦昌第三次和诺贝尔奖擦肩而过。

王淦昌还有很多世界顶级的科学成就。例如，他首次提出“用聚焦的激光引发热核反应”的设想，也就是当前世界热门的课题“惯性约束热核聚变”。和“磁性约束热核聚变”比较，它有成本低、效率高等很多优越性。

王淦昌是我国表彰的23名两弹一星功勋奖章获得者之一，他化名“王京”，隐姓埋名，在核武器研究院担任副院长，为我国原子弹和氢弹的研究做出了突出贡献。

王淦昌是一位乐观而风趣的长者。1964年10月16日，中国第一颗原子弹爆炸成功。王淦昌含着热泪笑道：“太令人高兴了！太有趣了！”学生们听到老师又蹦出这句口头禅，都不禁畅快地大笑起来。

2003年9月下旬，在合肥举行的中国第八届全国物理协会代表大会上，一颗由国家天文台施米特小行星巡天项目组发现的小行星，经国际小行星命名委员会批准，命名为“王淦昌星”。

王淦昌晚年回顾一生，给年轻人的建议是：要从事科学研究，第一要有敏感性，第二要有想象力，第三要有恒心。这应该是他的经验之谈，值得我们汲取之。

蘑菇云背后的故事

1964 年 10 月 16 日下午 3 点，在我国新疆罗布泊的核试验场，一朵巨大的蘑菇状烟云腾空而起，中国第一颗原子弹爆炸成功了。

消息传开，举世震惊，次日，几乎全世界的主要报纸都以大字标题和在显著位置报道了这一消息。新华社连夜发布了号外，标题是“加强国防建设的重大成就，对保卫世界和平的重大贡献”。全国各地的群众纷纷涌上街头，敲锣打鼓，欢欣鼓舞，庆祝这一成就。

这一伟大成就离不开许多科技工作者的贡献与牺牲。

中国研制核武器是被迫进行的，朝鲜战争期间，美国曾多次扬言：如果常规武器不能摧毁中国的战斗力，就应该使用原子弹。美国总统也曾下令，准备对中国东北的军工目标实施核打击。

由于苏联也拥有了原子弹，美国有所忌惮，计划没有实施。

毛主席、周总理等老一代领导人认识到，靠别人不如靠自己，必须发展自己的核武器，才能确保国防安全。

1958 年，中共中央决定建立核武器研究院。

中国第一个核武器研究院，全称是核工业部第九研究设计院，简称九院，青海的九院基地又称 221 厂。现在该院更名为中国工程物理研究院。

中国两弹一星功勋科学家中，有多位在九院工作过，如王淦昌、彭桓武、朱光亚、邓稼先、于敏、陈能宽、周光召，等等。

221 厂位于青海省的金银滩大草原，这儿海拔 3200 多米，年平均温度只有零度，属于高寒地区。这儿没有夏天，7 月份也会下雪。每天下午会刮大风，刮得飞沙走石。由于高原缺氧，走路不能快走，走快了就喘不动气，晚上睡觉会憋醒过来。年纪大的科技专家，都有警卫员背着氧气罐跟着，以备不时之需。

九院刚建立的时候，有苏联专家进行指导。但 1959 年 6 月，中苏关系破裂，苏联专家全部撤走了，临走时留下一句话：离开我们，20 年之内，你们不可能造出原子弹来。于是，我们下决心自力更生，把中国第一颗原子弹的代号取名“596”，就是让我们不要忘记这个日子。结果不到 5 年，我们就造出了原子弹。

九院的工作性质决定，一是必须远离人群，在偏远

的气候恶劣地区工作；二是要和放射性材料、高能炸药打交道，时刻会有危害生命的危险发生。1969 年 11 月 14 日，221 厂的二分厂就发生了一起爆炸事故，四位同志牺牲。由于高能炸药威力很大，甚至找不到一块大的遗骸，用“粉身碎骨”来形容当时的情景，毫不为过。

即使这样，九院的科技人员和工人师傅，面对危险，没有一个退却。

他们知道，这儿也是战场，使命在此，只能前赴后继。为了祖国的安全和人民的幸福，即使牺牲了，也是光荣的，当逃兵是可耻的。

九院的大科学家，也为大家树立了光辉的榜样。

国际著名力学家郭永怀，是空气动力学 PLK 公式的三个创始人之一，他从美国回国后担任中科院力学研究所所长，后调到九院任副院长。有一次从青海坐飞机回北京汇报工作，飞机在降落时突然起

火，机上人员全部罹难。

在处理现场时，工作人员发现郭永怀和他的警卫员紧紧抱在一起，他们之间是一个皮制公文包，那里面是最近一次核试验的第一手资料。由于他们的舍命保护，资料完好无损。

九院院长邓稼先在氢弹试验发生事故时，身先士卒，不顾生命危险，第一个冲进爆炸的“零点”位置，捡起氢弹的碎片进行研究，因此受到了超大剂量的辐射，英年早逝。

邓稼先病重期间，他的发小杨振宁问他：“我们都是美国留学生，我没回来，得到了诺贝尔奖，你回来了，现在病重如此。你后悔你当初的决定吗？”

邓稼先平静地说：“不后悔。你科学上做出贡献，获得诺贝尔奖，值得庆贺，我为中国造出了原子弹和氢弹，同样也是很有意义的。如果有来生，我还会走这条路。”

还有一个值得敬佩的中国原子科学家，是于敏先生。

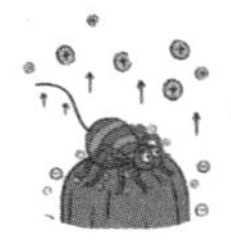

于敏，1926年8月生于河北省宁河县。父亲是天津市的一位小职员，母亲出生于普通家庭。1944年，于敏考上了北京大学工学院，1946年，他转入了理学院去念物理，并将自己的专业方向定为理论物理。1949年，于敏本科毕业，考取了研究生，并在北京大学兼任助教。毕业后，他被钱三强、彭桓武调到中科院近代物理研究所工作。

于敏没有出过国，在研制核武器的权威物理学家中，他几乎是唯一一个未曾留过学的人。于敏几乎从一张白纸开始，依靠自己的勤奋，举一反三进行理论探索。在氢弹原理研究中提出了从原理到构形基本完整的设想，解决了热核武器大量关键性的理论问题。

国外有人把这种氢弹构型称之为“于敏构型”，评价很高。

但是，当人们称他为“中国氢弹之父”时，他坚决反对。

他说：“这是集体的研究成果，并不是我一个人的功劳。彭桓武先生不是写了一副对联吗，上联是‘集体集体集集体’，下联是‘日新日新日日新’。离开这个集体，我们自己是微不足道的。”

“两弹一星”的成功研制，对中国和世界都产生了重大而深远的影响。如果六十年代以来中国没有原子弹、氢弹，没有发射卫星，中国就不能叫有重要影响的大国，就没有现在这样的国际地位。

当下的世界，科技的竞争很激烈，国家的竞争，很大程度取决于科技的竞争。邓稼先在临终前用颤抖的手写下了一句遗言：“不要让人家把我们落得太远。”

2024 年是我国第一颗原子弹爆炸成功 60 周年。在这个值得纪念的日子里，重温邓稼先这句话，会激励和鞭策我们，继承老一辈科学家的爱国精神和高尚品格，奋发努力，把我国的科技事业推向新高度，创造新辉煌！